U0176245

弘深 · 科学技术文库

电气设备状态参量光纤传感检测技术

Fiber Sensing Technology
for State Parameters Detection of Power Equipment

陈伟根　王品一　钱国超　著

重庆大学出版社

图书在版编目（CIP）数据

电气设备状态参量光纤传感检测技术／陈伟根，王
品一，钱国超著. -- 重庆：重庆大学出版社，2022.5
ISBN 978-7-5689-3308-7

Ⅰ.①电… Ⅱ.①陈… ②王… ③钱… Ⅲ.①电气设
备—光纤传感器—检测—研究 Ⅳ.①TM64

中国版本图书馆 CIP 数据核字（2022）第 080765 号

电气设备状态参量光纤传感检测技术

DIANQI SHEBEI ZHUANGTAI CANLIANG GUANGXIAN CHUANGAN JIANCE JISHU

陈伟根　王品一　钱国超　著

策划编辑:杨粮菊

特约编辑:万　芊

责任编辑:文　鹏　　版式设计:杨粮菊
责任校对:刘志刚　　责任印制:张　策

＊

重庆大学出版社出版发行

出版人:饶帮华

社址:重庆市沙坪坝区大学城西路21号

邮编:401331

电话:(023)88617190　88617185(中小学)

传真:(023)88617186　88617166

网址:http://www.cqup.com.cn

邮箱:fxk@ cqup.com.cn（营销中心）

全国新华书店经销

重庆升光电力印务有限公司印刷

＊

开本:720mm×1020mm　1/16　印张:17.5　字数:251 千
2022 年 5 月第 1 版　　2022 年 5 月第 1 次印刷
ISBN 978-7-5689-3308-7　定价:98.00 元

前 言

　　光纤传感器是一种使用光纤作为传感元件（内部传感器）或将信号从遥感器中继到处理信号的电子设备（外部传感器）的传感器。与传统传感检测技术相比，光纤传感检测技术拥有诸多优势：精度高，以光为信息载体，具有光学高灵敏度的特点；抗电磁干扰，传递光信号而非电磁信号，适合大电流、强磁场和强辐射的环境；寿命长，相比金属传感器，包裹高分子材料的石英光纤耐久性更好；应用广泛，可以测量包括压力、温度、位移、速度、浓度等在内的多个物理量；可分布式测量，可以利用光纤进行长距离测控，以此形成大范围连续的监测区。

　　目前，电力行业已有多个领域应用了光纤传感器，可以测量包括电压、电流、温度、振动、磁场、局部放电、压力等多个物理参量。与通信光纤用来传递光形式的信号不同，光纤传感检测技术是将外界的其他物理量转化为光信号并进行传播，即将温度、磁场、电场、位移、应变、压力等物理量转换为光的振幅、波长、频移等特征量。江苏电力科学研究院与重庆大学合作，对光纤传感技术进行了进一步的研究,从电气设备状态感知技术应用的角度对相关原理和应用进行了分析总结,本书就是分析总结的成果。

本书在对光纤传感技术的理论基础进行全面介绍的基础上,着重阐述了光纤气体传感检测技术、光纤局部放电传感检测技术、光纤振动传感检测技术、光纤应力/应变传感检测技术、光纤温度传感检测技术的原理和应用,期望能够推动光纤传感技术在高压电气设备状态感知领域的应用进程。

限于作者水平,书中不妥与错误之处在所难免,恳请专家、同行和读者给予批评指正。

作 者

2022 年 1 月

目录

第1章 概述 ···························· 1

1.1 光纤传感检测技术 ············· 1

1.2 光纤传感检测技术在电力系统中的
应用 ·························· 3

第2章 光纤传感理论基础 ·········· 7

2.1 实芯光纤 ···················· 7

2.2 空芯光纤 ···················· 15

2.3 光纤光栅 ···················· 18

2.4 光纤传感常用光学器件 ········· 26

第3章 光纤气体传感检测技术 ···· 36

3.1 电力设备主要故障特征气体 ······· 37

3.2 拉曼光谱型光纤气体传感检测技术
···························· 42

3.3 光声光谱型光纤气体传感检测技术
···························· 131

第4章 光纤局部放电传感检测技术 ······ 149

4.1 电力设备局部放电 ············· 150

4.2 法布里-珀罗干涉型光纤局放超声
传感检测技术 ··············· 153

4.3 马赫-增德尔干涉型光纤局放超声
传感检测技术 ··············· 175

4.4 迈克尔逊干涉型光纤局放超声传感
检测技术 ……………………… 179

4.5 萨格纳克干涉型光纤局放超声传感
检测技术 ……………………… 182

4.6 法拉第旋光型光纤局放电流传感检
测技术 ………………………… 184

4.7 小结 …………………………… 188

第5章 光纤振动传感检测技术 ……… 189

5.1 电力设备振动 ………………… 189

5.2 悬臂梁式光纤光栅振动传感检测技术
…………………………………… 194

5.3 输电线路导线舞动检测技术 …… 206

第6章 光纤应力/应变传感检测技术 … 211

6.1 光纤光栅型光纤应力传感检测技术
…………………………………… 212

6.2 瑞利散射型光纤应力传感检测技术
…………………………………… 218

6.3 小结 …………………………… 223

第7章 光纤温度传感检测技术 ……… 224

7.1 电力设备温度测量的意义 ……… 225

7.2 荧光光谱型光纤温度传感检测技术
…………………………………… 226

7.3 拉曼光谱型光纤温度传感检测技术
…………………………………… 231

7.4 光纤光栅型光纤温度传感检测技术
…………………………………… 246

7.5 小结 …………………………… 256

参考文献 ……………………………… 257

2

第 **1** 章
概　述

1.1　光纤传感检测技术

光纤是一种柔软的透明纤维,通过将二氧化硅等材料拉制而成。光纤最常用于传输光信号,与同轴电缆相比,传输距离更长且带宽(数据传输速率)更高,传输损耗较小且不受电磁干扰的影响。光通过全内反射现象保持在光纤的纤芯中,使光纤起到波导的作用。支持多传播路径或横模的光纤称为多模光纤,支持单模的光纤称为单模光纤。多模光纤通常具有更大的纤芯直径,用于短距离通信和高功率传输。光纤也用于照明和成像,通常被包裹成束,以便用于将光线带入或从密闭空间中取出图像,特殊设计的光纤也用于各种其他应用,如光纤传感器和光纤激光器。

19 世纪 40 年代,Daniel Colladon 和 Jacques Babinet 在巴黎首次演示了折射

导光,这一原理使光纤传输成为可能。20 世纪 20 年代,无线电实验者 Clarence Hansell 和电视先驱 Clarence Hansell 分别演示了通过管子的图像传输。20 世纪 30 年代,Heinrich Lamm 证明可以通过一束未经包裹的光纤传输图像。1953 年,荷兰科学家 Bram van Heel 首次演示了通过透明包层光纤束传输图像。同年,伦敦帝国理工学院的 Harold Hopkins 和 Narinder S. Kapany 成功制作了超过 10 000 根光纤的图像传输束,随后实现了图像传输。1956 年,Lawrence E. Curtiss 在开发胃镜的过程中生产了第一批玻璃纤维包层。Kapany 在 1960 年创造了光纤这一术语。1965 年,英籍华人高琨(Charles K. Kao)和 George A. Hockham 率先提出光纤衰减可以降低到 20 dB/km,使光纤成为一种实用的通信介质。他们提出,当时光纤中的衰减是由可以去除的杂质引起的,而不是由散射等基本物理效应引起的,进而对光纤的光损耗特性进行了正确而系统的理论分析,并指出了制作这种光纤的合适材料——高纯度石英玻璃。这一发现使高琨在 2009 年获得了诺贝尔物理学奖。1970 年,Robert D. Maurer 等人通过在石英玻璃中掺入钛得到了一种衰减为 17 dB/km 的光纤。几年后,他们用二氧化锗作为核心掺杂剂生产出了一种衰减仅为 4 dB/km 的光纤。1981 年,通用电气公司生产了熔石英锭,这种锭可以被拉长到 40 m。最初,高质量的光纤只能以 2 m/s 的速度制造。1983 年,Thomas Mensah 将制造速度提高到 50 m/s,使光缆比传统的铜缆更便宜。这些创新开创了光纤通信时代。光子晶体的兴起促进了 1991 年光子晶体光纤的发展,它通过周期结构的衍射而不是全内反射来引光。光子晶体光纤在 2000 年开始商用,它比传统光纤具有更高的功率,并且可以控制其与波长相关的特性以提高性能。

　　光纤传感器是一种使用光纤作为传感元件(内部传感器)或将信号从遥感器中继到处理信号的电子设备(外部传感器)的传感器。光纤因其尺寸小、无源、径细、质软、质量小的机械性能,绝缘、无感应的电气性能,耐水、耐高温、耐腐蚀的化学性能等性质可以实现多种感知场景,如通过使用每个传感器的光波长偏移,感测光沿着光纤通过每个传感器时的时间延迟;使用如光时域反射计之类的设备来确定时间延迟;使用实现光频域反射计的仪器来计算波长偏移等。与传统传感检测技术相比,光纤传感检测技术拥有诸多优势:精度高,以光为信息载体,具有光学高灵敏度的特点;抗电磁干扰,传递光信号而非电磁信号,适合大电流、强磁场和强辐射的环境;寿命长,相比金属传感器,包裹高分子材料的石英光纤耐久性更好;应用广泛,可以测量包括压力、温度、位移、速度、浓度等在内的多个物理量;可分布式测量,可以利用光纤进行长距离测控,以此形成大范围且连续的监测区。

光纤传感因其上述诸多优势,在诸多领域有广泛的应用和研究,已经融入了人们的日常生活。在建筑工程领域,包括光纤光栅传感、光时域反射技术在内的光纤传感检测技术的应用,可以检测应力场、温度场、渗流场的变化,进一步获得最佳监测和预警方案;在安全防护领域,针对机场、车站和军事区等重点保护区域,光纤周界防范系统可以有效克服传统安防技术性能差、误报率高、易受外界影响等缺点,其监控距离长、抗干扰能力强、可靠性高等优点使之成为安防市场的主流发展方向;在生物医疗领域,光纤传感检测技术克服了传统检测技术体积大、仪器昂贵、难以遥测及在线监测等局限,具有识别能力强、分辨率高、灵敏度高的技术特点,可实现免标记生化测量、在线遥测等;而在能源与电力领域,光纤传感检测技术因其抗辐射干扰的能力,使之可以有效应用于高电压、强磁场的环境,具有很高的应用价值和潜能。

1.2 光纤传感检测技术在电力系统中的应用

光纤传感器由于其无源、抗电磁干扰、稳定性强等优点,非常适合在拥有高电压、强磁场、大电流的电力系统中应用。目前,电力行业已有多个领域应用了光纤传感器,可以测量包括电压、电流、温度、振动、磁场、局部放电、压力在内的多个物理参量。与通信光纤用来传递光形式的信号不同,光纤传感检测技术是将外界的其他物理量转化为光信号并进行传播,即将温度、磁场、电场、位移、应变、压力等物理量转换为光的振幅、波长、频移等特征量。光纤传感器一般分为功能型光纤传感器和非功能型传感器。功能型光纤传感器运用对外界信息具备敏感能力和检测能力的光纤作为传感元件,对光纤内传输的光进行调制,使传输的光的强度、相位、频率或偏振态等特性发生变化,再通过被调制过的信号进行解调,进而得出被测信号。在此过程中,光纤不仅是光导媒质,并且也是敏感元件,常选用多模光纤。非功能型传感器运用其他敏感元件感受被测量的变化,光纤仅作为信息的传输介质,常选用单模光纤。光纤在其中仅起光导作用,光照在光纤型敏感元件上测量调制。

　　光纤传感器常用于包括温度、电流、局部放电等参数的测量和差动保护等领域。吸收式光纤传感器可以用于电机的测温。根据固体物理理论,直接跃迁型半导体材料的吸收波长随着温度的变化而变化,因此可以利用半导体材料的吸收光谱随温度变化的特性实现温度测量。传统的电磁式电流互感器(CT)的暂态输出电流会随着电力系统电压等级和传输容量的不断增加,受铁芯磁饱和及磁滞的影响而发生不同程度的畸变。全光纤电流互感器(FOCT)基于安培定律与法拉第磁光效应,可以通过光强的信号确定待测电流的相位差,进而计算出导线中通过的电流,且可测直流及交流信号,成为数字化变电站电流信号采集装置的首选。光纤电流互感器会受到如温度、振动等外界因素的影响,针对这些影响的校正也有诸多研究。作为差动保护系统的重要组成部分,光纤电流传感器是获取器件两端电流矢量差的重要装置,其准确度、抗干扰性及稳定性对电力系统正常稳定运行至关重要。因为传统的静电电压表易受到干扰、机械磨损影响精度、工艺复杂及无法直接转换成电信号等诸多缺点,电力系统应用了光纤布拉格光栅(FGB),应用静电力原理和弹性力学理论制作了 FBG 的静电电压传感器,其抗干扰能力强、结构简单,具备良好的应用前景。分布式光纤传感检测技术也被应用于电力电缆的状态检测和可视化技术研究,结合分布式光纤测温传感检测技术、计算机技术、网络通信技术和云计算技术等构建分布式电缆状态监测系统。分布式光纤传感检测技术利用光在光纤中传输时产生后向散射信号和光时域反射,如瑞利散射、布里渊散射和拉曼散射等获取温度、振动等参数的分布信息,进一步将测得信息输入系统进行可视化分析。光纤传感检测技术还应用于电场传感,现有全光纤型电场传感器大多基于压电材料或液晶材料,也有学者将大偏置结构 Mach-Zehnder 干涉仪、Fabry-Perot 干涉仪以及腐蚀的光纤布拉格光栅(FBG)传感器应用到电场测量中。Mach-Zehnder 干涉仪测量范围大、携带方便且能实现液体电介质内任何位置的单点测量;Fabry-Perot 干涉腔可避免与电介质接触,避开了温度影响,且将 Fabry-Perot 干涉仪和 FBG 与液体电介质封装后可直接用作电压传感器。

随着光纤技术的发展,光纤传感应用于微量气体的测量,具有体积小、质量小、灵敏度高等优点。基于红外吸收光谱、光声光谱和气敏材料的气体检测方法具有一定的研究基础。同时,基于拉曼光谱的光纤气体检测也被应用在电力行业中,具有高选择性、高灵敏度、单一激光激发及可测量同核双原子分子(如氢气)的优点,在变压器故障特征气体检测领域有重要的应用潜力。除此之外,光纤传感还用于电力设备局部放电的测量。光纤法珀(Fabry-Perot, FP)超声波传感器可以内置于变压器箱体内,解决传统外置压电传感器定位局放源时遇到的声波经油-壳体传输的多路径问题和壳体对声波的衰减问题。采用的石英薄片作为超声波敏感膜结构的非本征法珀干涉传感器灵敏度高、响应频率高,适用于油浸变压器内的局放监测。光纤检测应变与应力基于布里渊散射,在电力设备、输电线路振动检测领域有良好的应用前景。布里渊散射光会受应变的影响,当光纤沿线发生轴向应变时,光纤中的背向布里渊散射光的频率将发生漂移,频率的漂移量与光纤应变呈良好的线性关系。因此,通过测量光纤中的背向自然布里渊散射光频率的漂移量,就可以获得光纤的应变值。

智能电网成为我国电力行业发展的一个重要发展方向,对电力系统中存在的不同物理量的感知和信息传递变得尤为重要。因此,高准确度和高灵敏度的传感检测技术亟待深入发展。随着光纤传感相关技术的发展,新材料、新技术、新检测方法使光纤传感检测技术大规模应用到电力行业成为现实,并拥有巨大的产业潜力。随着性能更优、成本更低、寿命更长的光纤传感检测技术逐步发展,相关技术和标准逐渐成熟,光纤传感产业将会在电力行业中得到更加广泛的应用和发展。

第 2 章
光纤传感理论基础

2.1 实芯光纤

2.1.1 单模石英光纤

单模光纤的纤芯直径一般为 $8 \sim 10\ \mu m$，在给定工作波长上，只能传输单一模式。因为单模光纤中模式色散几乎很小，有利于大容量、长距离、高码速的信息传输。单模光纤在进行信息传输时，因为存在损耗、色散而限制了其传输距离和传输带宽。单模光纤损耗主要有吸收损耗和散射损耗。吸收损耗，因为材料吸收而导致部分光功率变成热量而使光功率减少，散射损耗主要包括限制损耗、宏弯损耗以及微弯损耗。限制损耗指的是光在纤芯内发生散射效应（瑞利散射)造成的光损耗,限制损耗很大程度上决定了单模光纤的最低损耗。宏弯损耗指的是因光纤的弯曲造成纤芯内部模场的重新分布,基模变成辐射模,部分光向外泄露,从而附加传输损耗。微弯损耗是由于光纤的中心轴线围绕理论位置所发生的微小变化而产生的。色散主要分为波导色散和材料色散。波导色散指的是导波模式的传播常数随波长的非线性变化,从而不同波长的光传输路径发生变化,达到终端。材料色散是由光纤材料自身特性引起的,光的传输速度随着光波长的不同而发生改变,两者都会造成光到达终端时产生时延差,从而引起脉冲展宽。在 1 310 nm 处材料色散系数和波导色散系数相消,总色散为零,成为光纤通信一个比较理想的工作窗口。在 1 550 nm 处石英玻璃中 OH⁻ 离子引起的损耗很小,具有最低的传输损耗,但却有着最大的散射系数,通过使用一段"色散补偿单模光纤"可以降低色散系数,从而在 1 550 nm 处具有低损耗、低色散的特性,称为目前主流的通信窗口。

截止波长是单模光纤最基本的参数,通常可以用来判断光纤中是否为单模工作方式。截止波长含义为使光纤实现单模传输的最小工作光波波长。当光纤的归一化频率小于高次模 LP_{11} 的截止频率时,高次模 LP_{11} 截止,光纤只传输基模。

模场直径是衡量基模场强在光纤横截面内特定分布的约束光功率的物理量,通常将纤芯中场分布曲线最大值的 $1/e$ 处所对应的宽度定义为模场直径。ITU-T 规定,在 1 310 nm 波长处,模场直径的标称值为 9 ~ 10 μm,容差为±1 μm。

2.1.2 多模石英光纤

多模光纤支持传输多种模式的光。多模光纤最早用于数据传输的导波介质,相比单模光纤具有如下优点:纤芯直径较大,数值孔径大,具有较低的非线性系数,能够注入更强的光;使用多模光纤可大大降低光纤接头的制作成本;在连接时不必精确对准,操作方便简单,易于在楼宇和室内布线且配套器件价格低廉;能够忍受大的弯曲损耗且易于升级、处理、安装和测试;制作工艺相对简单。虽然多模光纤具有诸多优势,但是也有很多制约多模光纤传输的因素,如损耗、色散、非线性等,模式色散是限制多模光纤传输的关键因素。多模光纤含有多个模式,因此在多模光纤中传输的光信号也包含多个模式,各个模式在光纤中具有不同的传输速度,在光纤中沿传输方向行进的过程中,各模式逐渐分离,使得光信号时域展宽,由此产生的色散称为模式色散。多模光纤中,模式色散占主导地位。模式色散的大小一般定义为单位光纤长度上,模式的最大时延差,即传输速度最快的模式与传输速度最慢的模式通过单位长度光纤所需的时间之差。当模间色散引起的光脉冲展宽大于码元的宽度时,信号衰落基本上无法恢复。模间色散在传输高速率信号或者传输长距离的时候,表现更加明显。尽管单模光纤的品种不断出现,功能不断丰富和增加,但多模光纤并没有被单模光纤所取代,而是保持着稳定的市场份额,并且取得不断发展。当前对数据传输的要求呈现出爆炸性的增长,因此对网络传输速度的要求也不断提升。在传输速率增长需求和较低成本解决方案的共同推动下,基于以太网的数据网络中,多模光纤的应用将会愈发普遍。就多模光纤而言,由于其固有的特性,一般用于局域网、存储网、数据中心、智能楼宇超级计算机等。高端多模光纤以其低成本方案和高带宽的优势,有着极其广阔的市场前景。随着光通信技术的发展,多模光纤技术也在向前发展。为降低能耗和提高带宽,由于综合成本的优势,多模光纤综合布线系统明显优于单模光纤布线系统,多模光纤的纤芯较大,故可使用较为廉价的耦合器和接线器。

2.1.3　掺杂光纤

掺杂光纤是指向光纤纤芯掺入杂质,如稀土元素离子,会导致光纤产生改性。当稀土元素离子掺杂到纤芯时,光纤会被"激活",变成有源介质,称有源光

9

纤。当以适当的波长泵浦时,就会在确定的波长上产生激光和放大。因此,掺杂光纤大多被用于制作光放大器和激光器。它的特点是具有圆柱形波导结构,纤芯直径小,很容易实现高密度泵浦,激射阈值低,散热性能好,其纤芯直径大小与通信光纤匹配,耦合容量及效率高,可形成传输光纤与有源光纤的一体化,是实现全光通信的基础。掺杂光纤主要为掺铒光纤、掺镱光纤、掺铥光纤等。其中掺铒光纤是最为常用的一种,掺铒光纤可实现 35 nm 的放大带宽,并在带宽范围内保持增益平坦,具有理想的功率转换效率,覆盖了通信 C 和 L 波段。

2.1.4 保偏光纤

保偏光纤是一种特殊的单模光纤,对线偏振光具有较好的偏振维持能力。光在理想的单模光纤传输时其偏振态不会发生变化,但由于预制过程中存在的结构缺陷,或者传输过程中受外界机械应力的影响,产生双折射效应导致偏振光在传输过程中相互耦合,发生偏振色散现象。通过在保偏光纤中设计不同的非圆对称的折射率区产生双折射效应,从而消除外界应力对入射光偏振态的影响。保偏光纤根据双折射的强弱可以分为高双折射保偏光纤和低双折射保偏光纤。现在实际应用的保偏光纤一般都是高双折射光纤。高双折射光纤根据形成原因不同可以大致分为形状型保偏光纤、应力型保偏光纤。保偏光纤在光纤预制拉丝过程中,在纤芯附近对称掺杂不同热膨胀系数的材料。熔融拉丝冷却后由于材料热膨胀系数不一样导致在纤芯附近,保偏光纤有两个主轴方向,两个主轴方向折射率不一样。折射率大的主轴方向光传输的速度相对较慢,称为慢轴;折射率小的主轴方向光传输速度相对较快,称为快轴。

对于保偏光纤由于应力产生两正交主轴的折射率差异,可以用归一化双折射率来描述。

$$\beta = \frac{\Delta\beta}{k_0} = \frac{\beta_s - \beta_f}{k_0} = n_s - n_f \tag{2.1}$$

式中,n_f,n_s分别为保偏光纤快轴和慢轴折射率;β_f,β_s为偏振光在快轴和慢轴的传播常数;k_0为真空波矢。一般保偏光纤的双折射率大于10^{-5},线偏振光沿一个主轴入射时,能很好地保持这个偏振态。同时保偏光纤的消光比、偏振串音和保偏光纤的h参数来评价其性能。保偏光纤的消光比定义为两正交光轴上传输的偏振光功率的比值:

$$\eta = -10\lg\frac{p_s}{p_f} \tag{2.2}$$

式中,P_s和P_f分别为保偏光纤慢轴和快轴的光功率。保偏光纤消光比的绝对值越大,保偏态模式的单一偏振态保持得越好。

当保偏光纤受到外界环境或者在预制拉丝等制造工艺上缺陷导致的残余应力等影响,即使线偏振光沿保偏光纤主轴射入,也会存在线偏振光耦合到与入射光轴垂直的主轴上,即线偏振光沿保偏光纤快轴射入,在快轴传输光功率为$P_f(z)$,但由于光纤结构缺陷依旧会有少许线偏振光耦合到慢轴上,因此在保偏光纤慢轴上也能检测出传输功率$P_s(z)$。类似于音乐的串音,在保偏光纤的两正交主轴上出现的这种功率串扰现象称为偏振串音。偏振串音用CT表示:

$$CT = \lg\frac{P_s(z)}{P_s(z)+P_f(z)} \tag{2.3}$$

CT的绝对值越大,说明保偏光纤保持原有偏振态能力越强,更小的光功率耦合到其他偏振模式上。

与偏振串音类似,由于结构缺陷外界应力等原因,两正交偏振模式会在随机的缺陷应力点发生模式耦合串扰,一种偏振模式会随机配合到另外一种偏振模式。因此,我们定义在保偏光纤单位长度的功率耦合串扰率为偏振保持参数,也称保偏光纤的h参数。保偏光纤的h参数用来描述保偏光纤的偏振保持能力。

2.1.5　荧光光纤

荧光光纤是在纤芯和包层中掺入了荧光物质和某些稀有元素构成的光纤。

荧光物质可以吸收特定波长范围内的光,使自身被激发,随之向各个方向发射出荧光,其中辐射方向满足纤芯-包层界面全反射条件的荧光将沿着光纤轴向传输。与常用的通信光纤相比,荧光光纤可以接收任意方向入射的光线,而不是只接收从端面进入光纤的某一范围的光(所谓数值孔径的问题)。荧光物质接收一定波长(受激谱)的光后,受激辐射出光能量。受激峰值波长与辐射峰值波长不同,这种现象称为 Stokes 频移。对于荧光分子,Stokes 频移值约为 100 ~ 200 nm,不过这一数值受到其他掺杂物的影响。激励消失后,荧光发光的持续性取决于激发状态的寿命。这种发光通常是按指数方式衰减,称衰减的时间常数为荧光寿命或荧光衰落时间。目前,荧光激发光纤已广泛应用于装饰、广告以及传感(光探测,如步枪准星、弓箭准星、光波长转换等)等用途。

2.1.6　光子晶体光纤

Russell 等人在 1991 年提出,如果在二维晶体中引入线性缺陷形成带隙,使得一定频率的光禁止从光子晶体光纤中通过,从而达到传输特定频率光的目的。1996 年研制出首根光子晶体光纤,该光纤的导光机制与普通光纤类似。直到 1998 年,第一根导光机制为光子带隙原理的光子晶体光纤被制作出来。从此对光子晶体光纤的研究从理论阶段上升到实验阶段,逐步引起广大科学工作者的研究兴趣,成为科学研究的热点之一。

折射率引导型光子晶体光纤的纤芯为实芯,纤芯的折射率大于包层空气孔的平均折射率,依据全反射的原理进行导光。图 2.1 为两种不同类型的折射率引导型光子晶体光纤截面图,从图中可以看出两种光子晶体光纤的纤芯为实芯,包层由空气孔和空气孔之间的硅层所构成,由于包层空气孔的存在使得包层的平均折射率小于纤芯的折射率,因此折射率引导型光子晶体光纤是一种改进后的全反射光纤。带隙型光子晶体光纤在 2.2.1 节具体介绍。

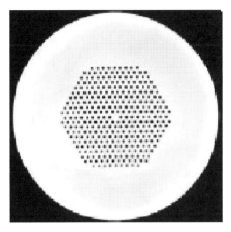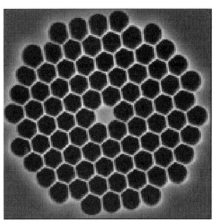

图 2.1　两种不同类型的折射率引导型光子晶体光纤截面图

与常规光纤相比,光子晶体光纤具有以下特殊性质:

(1)无截止单模传输特性。光子晶体光纤最引人注目的一个特点是:结构合理设计的光子晶体光纤具备在所有波长上都支持单模传输的能力,即所谓的无截止单模特性。无截止单模特性的部分原因是纤芯和包层间的有效折射率差依赖于波长。波长变短时,模式电场分布更加集中于纤芯,延伸入包层的部分减少,从而提高了包层的有效折射率,减少了折射率差,这抵消了普通单模光纤中当波长降低时出现多模现象的趋势。当空气孔满足足够小的条件时,高阶模式光的横向有效波长远远小于孔间距,从而使得高模光从孔间泄露出去。

(2)色散易调节特性。色散是指不同频率的光信号在光纤中具有不同的传输速度的现象。光纤色散的存在导致信号畸变、脉冲展宽,成为传输系统的不利因素。光子晶体光纤的零色散点与固定波长处的色散均可通过灵活设计空气孔结构实现。

(3)大模场面积特性。模场面积是衡量光纤模场分布的重要参数,若模场面积较小,光传输过程中引起的非线性效应加大,破坏系统性能。大的模场面积有利于高能量、长距离的光传输。模场面积的增大主要是依靠光纤芯子直径的增加来实现。光子晶体光纤通过设计不同的空气孔结构和掺杂材料,使得当光纤芯子直径增大时,单模传输特性不变,高阶模的损耗大大增加,从而达到滤除高阶模的目的,通过合理设计的光子晶体光纤在保持大模场面积的同时,可实现单模传输。

(4)高非线性特性。非线性效应会引起光传输过程中的信号干扰,致使信号发生畸变,往往成为光传输中的不利因素。但随着通信技术的发展,研究者发现在很多情况下往往可以对非线性效应加以利用,实现光孤子通信、电光调制等。通过降低光子晶体光纤中空气孔的间距,使光纤芯子直径减小,可降低光纤的模场面积,从而大大增加光纤的非线性效应。光子晶体光纤的非线性系数可达到普通单模阶跃光纤的数十倍,当产生相同的非线性系数时,其长度远远小于采用阶跃光纤时的情景。

(5)高双折射特性。双折射是指材料在不同方向折射率的最大差异。对于光纤,双折射表现为两个偏振模式的有效折射率不同。双折射现象通常由于光纤的圆对称性被破坏而产生。然而,偏振态的分离与调制均需要高双折射光纤即保偏光纤来实现。当光子晶体光纤中空气孔的对称性被破坏时,光纤具有较高的双折射。2000 年,英国巴斯大学成功拉制了具有高双折射特性的 PCF,其芯子由大小不同的空气孔围绕而成,拍长为 0.4 mm。研究表明,普通保偏光纤双折射为 $10^{-5} \sim 10^{-4}$ 量级,光子晶体光纤通过合理的空气孔设计,双折射可达到 10^{-3} 量级。

2.2　空芯光纤

2.2.1　空芯光子晶体光纤

根据固体物理学的晶体能带理论,电子在晶格中运动时,会受到晶格周期性势场的作用而使其能谱在某些特定的方向出现不连续性。能带的断裂称为能隙,电子不能在其能隙范围内的方向上传播。当晶格的周期性势场足够强时,其能隙有可能在任何方向上都存在。例如,半导体材料具有介于导带和价带之间的完整带隙,因此电子在完整带隙内的任何方向上传播都是被禁止的。类似现象也发生在光学领域中,光子在具有周期性变化的介电材料中运动时,也会产生类似的能隙效果。因此可以做一个类比,假如电子在晶格中运动时,在某些方向上其能量是不连续的,那么光子在光子晶体中运动时,在某些方向上其频率也将具有不连续性。光子在其能谱上的频率间隔被称为“光子带隙”,因此我们将这种具有光子带隙的周期性介质结构称为光子晶体,如图 2.2 所示。

根据光子晶体相关理论可知,光子晶体具有两个基本特征:一是光子带隙,即落入带隙中的光子被禁止传播,相当于通信理论中的阻带。带隙又分为完全带隙和不完全带隙,完全带隙是在各个方向都存在带隙,一般理解为在 TM 和 TE 方向具有重叠的带隙,对应的光子晶体为完全光子晶体。不完全带隙是指只在某一方向具有带隙,一般理解为只在 TM 方向具有带隙或只在 TE 方向具有带隙,该光子晶体为不完全光子晶体。二是光子局域,通过设计好一个完整的光子晶体结构,如果在其中抽出几个周期性结构,形成缺陷,那么和缺陷频率相吻合的光子被局限在缺陷位置,形成缺陷模式,称为缺陷模,而其他处于偏离缺陷频率的光将迅速被衰减掉。

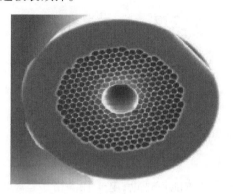

图 2.2　带隙型光子晶体光纤

2.2.2　空芯反谐振光纤

空芯反谐振光纤由于具有优越的光学性能,近年来已经受到了广泛的关注。其包层由一圈圆形管或椭圆形管组成,利用了简单的包层结构和纤芯边界的负曲率。在 HC-AR 光纤中,纤芯边界的表面法向量与径向单位向量相反。负曲率会抑制基模和包层模之间的耦合。包层模式主要存在于管内、玻璃内或管与外部玻璃环之间的间隙中,反谐振对于抑制负曲率光纤中的纤芯和包层模式之间的耦合是必要的,玻璃中纤芯边界处的反谐振与纤芯和包层模式之间的波数失配相结合抑制了模式之间的耦合,导致显著的低损耗。空芯反谐振光纤在导光通带、损耗和模式等特性上都具有独特的优势,所以在很多领域都具有很好的应用前景。

运用 ARROW 可以对低折射率纤芯光纤导光机理进行分析,其原理类似于法布里-珀罗(Fabry-Perot)谐振腔。图 2.3 是 ARROW 的结构及其对应的传输谱图,其中灰色部分是折射率为 n_2 的高折射率层,相当于 Fabry-Perot 谐振腔,白色部分是折射率为 n_1 的低折射率层,当光的波长满足谐振条件时就会从高折率层谐振出去,即对应着传输谱中的低传输强度部分,这就类似于光在 FP 腔中发生了相消干涉;而反谐振波长的光在高、低折射率的界面上会被反射回来被限制在纤芯中传输,对应着传输谱中高传输强度的宽带部分,所以大部分的光会反射回纤芯。但这种反射并不是完全的反射,所以还是会有很少的泄漏,存在一定的损耗。对于不同模式的光来说,泄漏部分的程度不一样。对于低阶模式来说,它是掠入射纤芯-石英界面的,所以泄漏比较少,反射很多,损耗就比较低;对于高阶模式来说,它的入射角较大,所以泄漏比较多,损耗比较大。

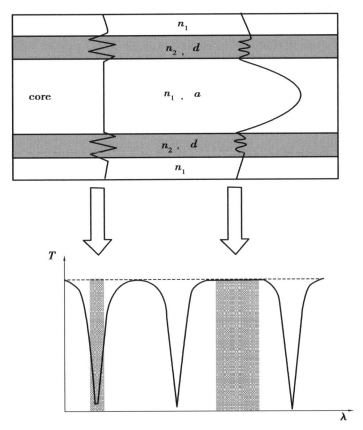

图 2.3　ARROW 的结构及其对应的传输谱图

对于波长满足 $k*d = m*\pi$(其中 k 是传播常数,d 是高折射率层厚度,$m=1,2,\cdots$)的光来说,传输至高折射率层时会形成驻波,这个波长的光满足谐

振条件,当波长远小于纤芯尺寸时,根据谐振条件可以得出谐振波长:

$$\lambda_m = \frac{2d}{m}\sqrt{n_2^2 - n_1^2} \qquad (2.4)$$

式中,n_2为高折射率层的折射率、n_1为纤芯的低折射率;d为高折射率层的厚度;λ_m是第m阶谐振波长。其中,m为正整数即谐振阶次,阶次越高,对应的谐振波长越短,m的最小值取1,对应的谐振波长为一阶谐振波长,波长比一阶谐振波长大的宽传输带为第一阶导光通带,第一阶和二阶谐振波长之间的传输带为第二阶导光通带,以此类推。通过ARROW理论可以确定光纤的谐振波长以及光纤的传输通带,光纤传输通带的位置与高、低折射率区域的折射率差和高折射率层的厚度有关,所以可以通过调节这两个参数来设计出各种导光特性的空芯反谐振光纤。

2.3 光纤光栅

随着社会生产的发展,光纤元件在相关领域的应用越来越广泛,研究者的研究热情也越来越高,与之对应的光纤通信和光纤传感检测技术也开始迎来蓬勃发展。其中,光纤光栅传感器具有体积小、结构紧凑、抗电磁干扰能力强、耐化学腐蚀性好、耐高温、灵敏度高等传统电子传感器不具备的许多优点,可以基于大规模光学光纤通信网络进行超远程监控、分布式传感。由于其优越的特性,可以代替传统的电子传感器在航空航天、电力传输业、石油工业、海洋探测业、军工装备、器械医疗等环境复杂的多领域内发挥重要作用。光纤光栅在电子通信和光纤传感领域的研究和发展中起到了巨大的作用,本质上光纤光栅是一种将光限制在内部进行传输的器件,它通常被用于某些特殊的滤波器比如分布式补偿滤波器等,而且光纤光栅因为对周围介质扰动的高灵敏度而在光纤传感领域被广泛使用。

　　光纤光栅是一种利用光纤材料的光敏性制成的纤芯折射率呈周期性或者非周期性变化的光波导,它是光通信网中一种重要的无源器件,广泛用于光通信系统中。所谓光纤的光敏性,是指激光通过掺杂光纤时,光纤折射率随光强的空间分布发生变化,变化的大小与光强成线性关系。这种线性关系之所以被永久保持下来,是因为在纤芯内形成一个窄带的(透射或反射)滤波镜或反射镜。利用这种特性可构成许多性能独特的光纤的无源器件。

　　由于光纤光栅的折射率的周期性变化,其纵向折射率变化将引起不同光波模式之间发生耦合,光栅及其传播常数之间关系如下:

$$\beta_1 - \beta_2 = \frac{2\pi}{\Lambda} \qquad (2.5)$$

式中,Λ 是光栅周期,β_1、β_2 分别是模式 1 和模式 2 的传播常数。光纤光栅的基本特性表现为一个反射式光学滤波器,反射峰值波长为 Bragg 波长(λ_B),可表示为:

$$\lambda = 2n_{\text{eff}}\Lambda \qquad (2.6)$$

式中,n_{eff} 为光纤基模在 Bragg 波长上的有效折射率。

2.3.1　均匀光纤光栅

　　当纤芯空间周期和其折射率调制大小改变时,光纤的轴向不受影响的光栅称为均匀光纤光栅。光纤布拉格光栅(Fiber Bragg Grating,FBG)是最普通、最常见的一种均匀光纤光栅,将光纤放在周期性变化的紫外光源下是产生这种折射率变化的方法之一。在均匀布拉格光纤光栅的制作方法中,最主要的方法是利用两束相干紫外光形成的空间干涉条纹来照射光纤,这样即可在纤芯区形成永久的周期性折射率调制。图 2.4 给出了均匀布拉格光纤光栅的折射率分布以及它的反射特性和透射特性。从图中可以看出光均匀布拉格光纤光栅对波长有选择作用。这是因为周期性的折射率扰动只会对很窄的一小段光谱产生影响,所以宽带光波在均匀布拉格光纤光栅中传播时,入射光会在相应的波长上被反射回来,而不影响其他的透射光。威廉·布拉格爵士首先对这种现象提出了解释,因而这种光栅被称为布拉格光纤光栅,它的反射条件被称为布拉格条件。

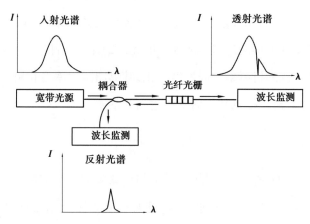

图 2.4　均匀布拉格光纤光栅的折射率分布以及反射特性和透射特性

2.3.2　啁啾光纤光栅

随着对光纤通信系统的高速度、长距离、大容量的要求,低损耗光纤和掺铒光纤放大器有效解决了 1 550 nm 窗口的损耗,但色散仍然很大,因此需要对其进行色散补偿。啁啾光纤光栅插入损耗小、与偏振无关、无源、体积小等优势,使其成为色散补偿领域最具前途的技术。啁啾光栅(Chirped Fiber Bragg Grating,CFBG)就是指光栅周期沿轴向 z 变化的光纤光栅。

紫外光照射引起光纤纤芯折射率变化,有效折射率变化可以表示为:

$$\delta_{\text{neff}}(z) = \overline{\delta_{\text{neff}}(z)} + \delta_{n_1}(z)\cos\left[\frac{2\pi}{\Lambda(z)}\right] \quad (2.7)$$

式中,δ_{neff} 为平均有效折射率的变化;δ_{n_1} 为折射率调制幅度;$\Lambda(z)$ 为光纤光栅

周期。

嗷啾光纤光栅分为线性嗷啾和非线性嗷啾光栅,线性嗷啾光栅就是指光栅周期沿轴向是线性变化的,非线性光纤光栅则是非线性变化。在光纤通信系统中,嗷啾光纤光栅常用来对系统进行色散补偿。嗷啾光纤光栅的色散补偿原理如图 2.5 所示。经过展宽的脉冲信号进入嗷啾光纤光栅后,由于光谱中短波长部分走在前端,与光栅尾部 Bragg 波长相对应,将在光栅尾部反射;而长波长部分虽然走在后端,却在光栅前端反射;因此光脉冲经过嗷啾光纤光栅后,展宽的脉冲被重新压缩回来,这就是嗷啾光纤光栅的色散补偿原理。常见的嗷啾光纤光栅制作方法包括嗷啾相位模板法、两次曝光法、全息干涉法、弯曲法、锥形光纤法等。

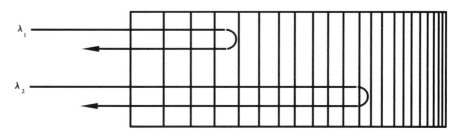

图 2.5　嗷啾光纤光栅的色散补偿原理

2.3.3　相移光纤光栅

相移光纤光栅(Phase-Shifted Fiber Grating,PSFG)最早是由 C. M. Ragdale 等研究学者为了获得极窄带宽滤波器而提出的。人们发现通过在光栅的中心引入相位改变,能够在光谱中获得更多邻近谐振峰。此后,作为一种新型的光无源器件,PSFG 逐渐引起了人们极大的兴趣,并在通信和传感等领域获得了广泛应用。

PSFG 是存在相位改变的一种特殊光纤光栅。它与均匀光纤光栅的最大区别是光栅折射率分布函数中 $\varphi(z)$ 项,对于均匀光纤光栅的 $\varphi(z)$ 是一个常数,而

相移光纤光栅的 $\varphi(z)$ 为一个阶跃函数,如图 2.6 所示。在均匀光纤光栅某个位置引入相移,就使得整段光纤光栅被分为两段,相邻两段的光纤光栅之间就相当于一个谐振腔,会导致光纤光栅的光谱特性发生改变,使其在射谱中形成一个线宽极窄的相移峰,该相移峰具有非常陡峭的边缘,比普通的 FBG 光栅具有更高的灵敏度和对某一个波长具有更高的选择度,且相移量的大小及位置会影响相移峰的位置、透射率、线宽。

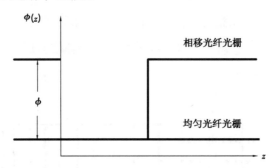

图 2.6　相移光纤光栅和均匀光纤光栅的 $\varphi(z)$ 函数分布图

相移光纤光栅的频谱通带内具有带宽极小的窄带(约为几个 pm),这表明相移光纤光栅本身就是一个具有高质量波长选择性的滤波器。作为一种滤波器件,相移光纤光栅不是独立存在的,其优越的滤波特性需要在其他器件或者应用中得到体现,如激光器、分插复用器、复用/解复用器、积分/微分器、光电振荡器、调制/解调器、反射/折射计、超声成像、光标交换、光开光、脉冲整形等器件和应用。另外,相移光纤光栅本身也是一种光纤光栅,其波长对外界环境(温度、应变、折射率等)具有一定的敏感性,这就决定了相移光纤光栅可以应用于传感领域。

2.3.4　取样光纤光栅

取样光纤光栅是指光栅的某些参数沿着光栅的长度呈现周期性变化。可以用于设计取样光栅的参数主要有振幅和相位。通过设计取样函数,可以得到各种具有不同反射谱和群时延谱特性的光纤光栅。

相位取样光栅按照取样函数的不同也可以分为两大类:一类是在振幅取样的基础上引入一些相移来设计特殊的取样函数,成为振幅取样结合相位取样的FBG;另一类相位取样 FBG 是折射率调制幅度沿着光栅长度保持不变,而只有光栅的相位沿着光栅长度被调制,这类 FBG 被称为纯相位取样 FBG。在定义上,这两类光栅的区别只是折射率调制幅度沿光栅长度是否发生了变化,但是在设计方法上,这两类光栅却截然不同。在光栅特性上,纯相位取样具有许多传统光栅所不具备的特性。同时,在实际制作中,纯相位取样 FBG 需要更高的精度,因此制作难度更大。

取样光纤光栅的反射光谱由一系列等间隔、窄带宽的反射峰组成。在光纤通信领域,取样光纤光栅具有许多重要的应用。在半导体激光器或光纤激光器中,利用它作为反馈谐振腔时,可以实现多波长输出,且由于取样光纤光栅通道间隔稳定及带宽窄,这种多波长输出的激光器是密集波分复用系统(DWDM)中理想的标准通道光源。取样光纤光栅还可用于 WDM 系统中的分插复用器件。

2.3.5　闪耀光纤光栅

闪耀光纤光栅(Blazed Fiber Bragg Grating,BFBG)是一种特殊的短周期光纤光栅,它和普通光纤光栅一样,在轴向上具有周期性的折射率变化。但与普通光栅不同,它的折射率变化的分界面光栅栅面和光纤横截面具有一定的夹角,使它具有了普通光栅所没有的特性,其结构与模式耦合矢量图如图 2.7 所示。由于夹角的存在,模式耦合也发生了变化,即前向传输的纤芯基模与后向传输的纤芯基模之间的耦合、前向传输的纤芯基模与后向传输的包层模之间的耦合以及当假设光纤包层直径无限大时产生的前向传输的纤芯基模与辐射模之间的耦合。因此,在不同情况下存在不同的谐振峰。在空气中,它的透射谱不仅有纤芯模谐振峰,短波方向还有一系列离散的包层模谐振峰。对于小倾斜角,在紧靠布拉格谐振峰的短波长范围还有一个由纤芯导模与一些低阶包层模耦合形成的幻影模,其透射谱如图 2.8 所示。光栅栅面的倾斜角及折射率的调制深度决定了耦合效率和包层模谐振峰(泄漏光)的带宽。因此,BFBG 的透射谱中蕴涵着与光纤结构和光栅结构相关的丰富信息。

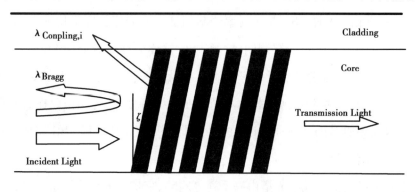

图 2.7　闪耀光纤光栅结构与模式耦合矢量图

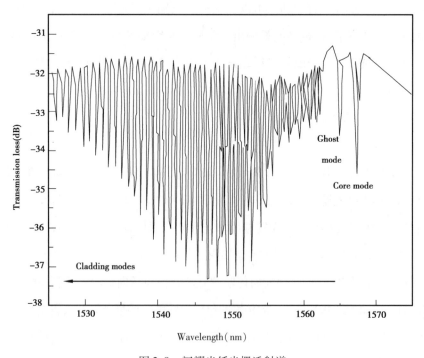

图 2.8　闪耀光纤光栅透射谱

BFBG 具有很多特点:纤芯基模的布拉格反射较低;在某些倾斜角度时 BFBG的反射为零,此时的光栅只有透射峰。因此,可以作为类似于 LPG 的损耗器件,而且 BFBG 具有更好的温度稳定性。利用 BFBG 制作放大器的增益平坦器具有较低的后反射。

BFBG 的分类按光纤光栅栅面的倾斜方向,可分为单侧倾斜光纤光栅、双侧倾斜光纤光栅和螺旋光纤光栅。

BFBG 的模式耦合对于标准光栅,由于折射率微扰的圆对称性,它只能将 LP01 导模耦合到周向阶数为 0 和 2 的辐射模。导入倾斜的光栅栅面以后,这种耦合就会扩大到奇、偶辐射模,不仅增强了辐射模耦合,BFBG 栅面的变化也会影响到 FBG 谐振波长与最大辐射模耦合处波长之间的分离,同时还会改变反射谱。

BFBG 作为一种新型的光子器件,具有特殊的结构与模式耦合特性,兼具 FBG 与 LPG 的双重优点,且有着非常独特的优越性,在光纤通信、光纤传感以及其他领域具有重要的价值和广阔的应用前景。因而,已经引起了人们的广泛关注并得到了大量研究。

2.3.6　长周期光纤光栅

从几何光学的角度来看,长周期光纤光栅可以使某些特定波长的纤芯模沿着与轴向成较大角度的方向进行传输,实际上是使纤芯模转换为同方向传输的包层模,如图 2.9 所示。也可以理解为由于长周期光纤光栅的存在,使纤芯模发生多次散射,而且散射光波在一定的条件下发生干涉加强,转换为同方向传输的包层模。从模式耦合的角度来说,长周期光纤光栅使纤芯模与同方向传输的包层模之间发生耦合,当纤芯模被耦合到同方向传输的包层模中并传输较短距离后,由于包层与环境之间的不规则性,很快会被损耗掉。此时在透射谱中,一切符合一定条件的波长光强度会大大减弱,形成损耗峰,而其他不符合干涉加强条件的波长的光则不会发生变化。

人们一般将周期为数十至数百微米之间的光栅称为长周期光纤光栅（Long-Period Fiber Grating, LPFG），不同于布拉格的模式耦合，相同方向行进的纤芯模同包层模产生耦合，某一波长的光会产生损耗。由于独特的耦合模式，外界环境参数对包层模影响更大，所以对外界环境参数的改变量十分敏感，特别是折射率、温度、压力等。LPFG 在通信领域也有比较广泛的应用，LPFG 为带阻滤波器，几乎无后向反射，可用于光纤滤波器等。

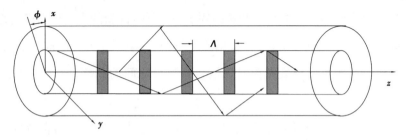

图 2.9　长周期光纤光栅结构示意图

2.4　光纤传感常用光学器件

2.4.1　光栅加工器件

2.4.1.1　光纤天窗剥离机

光纤天窗剥离机用于剥离聚酰亚胺涂覆层的光纤。聚酰亚胺涂覆层耐高温、耐化学腐蚀，因此难以实现既不留下残留又不损伤光纤的剥离效果。与使用热硫酸的传统化学剥离法不同，光纤天窗剥离机使用机械刀片反复剥离，轻柔地剥去涂覆层,从而提供一种既干净又安全的解决方案。剥离机两端的旋转筒用于拉紧光纤。剥离机可以剥离出长度为 1 ～ 50 mm 的天窗区域,能够处理包层直径为 8 ～ 400 μm、涂覆层直径为 100 ～ 250 μm、400 μm 或 500 μm 的光纤。剥离完成后,一般使用超声波清洗机清洁光纤。

2.4.1.2　超声波清洗机

超声波光纤清洗机用于批量处理裸纤,一般可以调节清洗强度和清洗时长,便于重复清洗参数。使用步骤为:将浸入夹具倾斜,使光纤浸入溶剂箱,启动超声波清洁过程;完成所选的清洁过程之后,超声波停止搅动;利用浸入夹具侧面的滚花调节器,可以在 0.5in(12.7 mm)的范围内调节溶剂箱上方光纤夹持的高度;滚花调节器也可以反转,以拆卸裸纤夹持槽,并将其切换为其他光纤夹持槽。

2.4.1.3　光纤熔接机

光纤熔接工作台将所有熔接过程集成到了单个系统中,可用于快速高效、一致地进行光纤熔接。利用加热丝熔融技术,可方便可靠地制造高强度、低损耗的熔接光纤,用于生产和研发。熔接机一般具有真实纤芯成像技术,它是一个高放大倍率、高分辨率的光学成像系统,可探测和显示光纤的内部纤芯结构。该技术提供快速精确的纤芯对准和熔接损耗计算。

2.4.2　光纤跳线

2.4.2.1　光纤跳线

单模光纤跳线用来做从设备到光纤布线链路的跳接线,有较厚的保护层,一般用在光端机和终端盒之间的连接,应用在光纤通信系统、光纤接入网、光纤数据传输以及局域网等领域。光纤跳线见图 2.10。

2.4.2.2　光纤回射器

图 2.10　光纤跳线

光纤回射器用于将通过接头输入的光从光纤中向后反射。它们可以用于产生一个光纤干涉仪或用于构建一个低功率光纤激光器。这些回射器适用于准确测量发射机、放大器和其他器件的后向反射。光纤回射器有单模(SM)、保偏(PM)或多模(MM)光纤等几种。光纤插芯的一端有一层保护层的银膜,可以在 450 nm 到光纤波长上限的范围内提供高反射率。

2.4.2.3　全光纤部分反射器

全光纤部分反射器用于反射部分输入光,即一部分光反射回到输入端,而另一部分则透射到输出端。通过分离输入光,然后利用里面镀的反射膜,将光引回输入端,这些反射器可以连接到其他光纤跳线,完全实现全光纤操作。与单模光纤环形器一起使用时,这些反射器可以作为全光纤分束装置,非常适合往返延迟计时等应用。这些反射器的单模波长范围为 1 450 ~ 1 650 nm,反射率为 67∶33 或 10∶90。反射率(R∶T)是指反射光与透射光之比,不包括由于吸收而在装置中损失的光。白色端口用作输入端;需要注意的是,这些部分反射器不能反方向使用。

2.4.3　光纤光机设备

2.4.3.1　光纤准直器

光纤法珀微定位器小巧、超稳定、使用方便,具有结构紧凑、可重复使用、高分辨对准机制、高热稳定性、平移锁定机制等特点,非常适合长期或短期光纤耦合与准直。每个光纤法珀光纤准直器都包括一个消色差或非球面透镜,有效焦距范围为 2.0 ~ 18.4 mm,带有各类光纤插口。对于需要兼容短有效焦距(≤7.5 mm)的应用,存在带有插口的光纤法珀准直器,可与各类光纤接头一起使用。光纤法珀光纤准直器的 5 轴调整与短焦距相结合,所以对轴外输入的灵敏度可忽略不计。为了使最大理论耦合效率较高,建议将光纤法珀光纤准直器与镀增透膜的单模、多模和保偏光纤跳线一起用于耦合和准直光,因为这些跳线可以减少高功率光源的背反射,光纤法珀光纤准直器可以在很大的波长范围内准直光,且焦距偏移非常小,因此如果光源波长改变,可减少重新对准的需要。消色差和类非球面光纤法珀光纤准直器的有效焦距一般为 4.5 ~ 15 mm。在接头和光纤保持不动时,光纤法珀光纤准直器内置的透镜具有 5 个对准自由度:X 和 Y 方向的线性对准、俯仰和偏转角度对准、同时使用俯仰和偏转调节 Z 轴。非球面透镜在 X、Y、Z 方向的行程范围为毫米级,每转分辨率为白微米级。X、Y、Z 方向的对准完成后,拧紧外壳侧面的锁定螺丝,固定 X 和 Y 的位置,调节器上的锁环可以锁定俯仰/偏转位置,如图 2.11 所示。

后　　　　　　　　前

图 2.11　光纤准直器

2.4.3.2　光纤接头转接件

光纤接头转接件可以将大多数带接头的光纤接在 SM 螺纹、C-Mount 螺纹或者无螺纹组件上。这些转接件常用于组装自由空间单模、多模光纤耦合器和准直器或其他自由空间耦合器,也可用于不透光的 SM 螺纹光电探测器或功率计探头。

2.4.3.3 光纤匹配套管

光纤匹配套管可以连接末端带工业标准的 FC/PC、FC/APC、SMA 和 ST 接头的光纤,如图 2.12 所示。匹配套管可以很好地对准所连光纤末端的纤芯,并通过光学接触(SMA 匹配套管除外,它们是空气间隔的)最大程度地减少了背向反射。光纤匹配套管一般预先安装在单孔、双孔或四孔 L 形支架中,兼容具有标准 1/4 in- 20(M6)螺纹的光机械产品,如光学平台、面包板和接杆组件等。单孔 L 形支架的结构最为紧凑,可以通过标准的光机械件安装匹配套管。相比之下,双孔和四孔 L 形支架则可以组合带有多个输出端的光纤耦合器件,比如耦合器、环形器和波分复用器(WDM)。

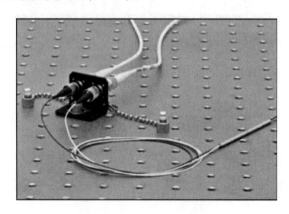

图 2.12 光纤匹配套管

2.4.3.4 光纤压块

通用光纤压块便于将玻璃或塑料光纤集成到光机械接杆组件或 SM 螺纹组件中。精密 V 形槽和橡胶垫设计用于无损压紧在单模或多模光纤的缓冲层上。主体安装座中磁体和压臂中磁性钢制固定螺丝的组合,提供了动态调整压紧力的方法:将磁性固定螺丝移动至更靠近主体的位置,可增加压紧力;相反地,调节固定螺丝远离磁铁,可减小压紧力。光纤压块常与非球面透镜一起使用,搭建可提供近衍射极限性能的光纤输出准直器。

2.4.4　光纤组件

2.4.4.1　波分复用器

波分复用器(WDM)也称为波长组合器或分离器,用来组合或分立信号。常见的波分复用器包括可见光/近红外或红外的双波长 WDM、三波长 WDM 和保偏 WDM。红外波分复用器是组合泵浦和信号功率、组合或分离远程通信信号的理想解决方案。可见光/近红外波分复用器一般用于彩色显示器、传感器和显微镜。

2.4.4.2　光纤模场适配器

光纤模场适配器能够有效扩展单模光纤的模场,以匹配较大光纤的模场。这些装置是双向的,因此可以反向使用,输出端用作输入端时可以压缩模场。两根不对称几何结构的光纤进行标准熔接会产生高插入损耗,并降低光束质量,模场适配器在两根光纤之间使用绝热锥体逐渐扩展或压缩模场。因此,模场适配器接入光束传播系统或其他高功率装备时,可以实现最大信号传输和最佳 M2 光束质量。

2.4.4.3　光纤环形器

光纤环形器是不可逆的单向三端口器件,可以用在很多光学装置和无数应用中。单模光学环形器的中心波长目前一般有 1 064 nm、1 310 nm(O 带)、1 550 nm(C 带)。光学环形器可类比于电子环形器,两者功能相似。光学环形器是三端口器件,光只能沿一个方向传播。从端口1输入的信号从端口2低损耗输出,从端口2输入的信号从端口3低损耗输出;从端口2输入的信号将在端口1产生很大损耗,从端口3输入的信号将在端口2和1产生很大损耗。光学环形器是不可逆光学器件,当光反向传输时并不会得到相反的结果。由于高隔离度和低插入损耗,光纤环形器广泛用在先进通信系统中,例如分叉复用器、双向泵浦系统和色散补偿器件。图2.13描绘利用环形器和光纤布拉格光栅(FBG)从DWDM系统中分离光信道。DWDM输入信号从器件的端口1耦合,FBG器件连接在端口2上。FBG中反射的单波长重新从端口2进入环形器,然后转到端口3。其余信号透过FBG从顶部光纤输出。

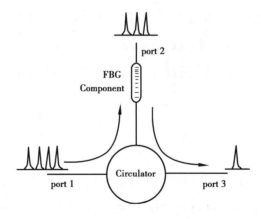

图2.13　光纤环形器原理图

环形器还可以用于单根光纤双向发送光信号。光纤两端各接一个环形器,每个环形器在一个方向加入信号,在另一个方向消除信号。

2.4.4.4　光纤法拉第镜

光纤法拉第镜带有光纤尾纤,能将光相对入射光偏振态,以90°的正交偏振方向进行反射。它可以加强对诸如光纤传感器、掺铒光纤放大器和可调谐光纤激光器等系统设计的控制。法拉第镜的中心波长一般有1 310 nm或1 550 nm可选。插入损耗一般小于1 dB,反射损耗一般大于40 dB,可以提供高信噪比,因而非常适用于光纤干涉仪,让光通过法拉第旋转镜就可以实现偏振态的旋转。法拉第旋转元件由铋铁石榴石(BIG)薄膜构成,周围有稀土磁铁产生的外部磁场。单次通过法拉第旋转镜会使光的偏振方向旋转45°±1°。在法拉第旋转镜后放置一面平面镜,以入射角度将光反射回去,光再次穿过法拉第旋转镜,重新进入输入光纤的光的偏振方向旋转了90°,或正交于入射偏振方向。

此外,法拉第镜能最大限度地减小光纤中由热扰动和机械扰动引起的偏振态的变化。这是因为光进入和射出法拉第旋转镜(也就是带尾纤的单模光纤)时,穿过的是同一根光纤。光纤回波阶段,对偏振态造成的任意扰动都会平复。这样,法拉第旋转镜就恰当地补偿了光纤造成的偏振态变化,且无须使用保偏光纤,但反射光偏振方向会与入射光偏振方向垂直。光纤法拉第镜原理如图2.14所示。

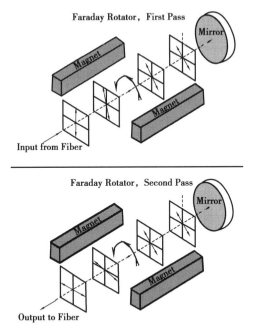

图 2.14　光纤法拉第镜原理图,展现了光从光纤输入透过法拉第
旋转元件(上图)和从反射镜反射出去(下图)时偏振态的旋转

2.4.4.5 偏振无关光纤光隔离器

后向反射光或信号会引起光源的强度噪声或损伤激光器,光纤隔离器可以保护光源不受后向反射信号的影响。光纤隔离器又称作法拉第隔离器,是一个磁光器件,选择性透过向前传输的光,而吸收或偏置反向传输的光,如图 2.15 所示。

光纤光隔离器的工作模分正向模式与反向模式。正向模式针对偏振无关光纤隔离器,入射光首先被双折射晶体分成两束光,法拉第旋光器和半波片旋转两束光的偏振方向,随后两束光通过对准的第二个双折射晶体后再次合并。在双级隔离器中,光线在到达输出准直透镜之前,会通过额外的法拉第旋转器、半波片和双折射光束偏移器,这样可实现比单级隔离器更大的隔离。反向模式针对背向反射光,背向反射光首先通过第二个双折射晶体后分成两束光,偏振方向与正向模式光对齐。由于法拉第旋光器是不可逆的旋光器,因此它将抵消反向模式由半波片产生的偏振旋转。当光通过第一个双折射晶体后,会偏离准直透镜,并入射在隔离器的外壳壁上被吸收,从而防止反向模式的光进入输入光纤中。

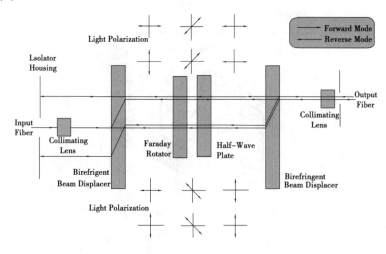

图 2.15　偏振无关光纤光隔离器原理图

2.4.4.6　光纤衰减器

光纤衰减器是能降低光信号能量的一种光器件,用于对输入光功率的衰减,避免了由于输入光功率超强而使光接收机产生失真。光纤衰减器作为一种光无源器件,用于光通信系统中的调试光功率性能、光纤仪表的定标校正和光纤信号衰减。产品使用的是掺有金属离子的衰减光纤,能把光功率调整到所需要的水平。

第 **3** 章

光纤气体传感检测技术

能源电力设备如油浸式电力设备、气体绝缘设备、电化学储能系统等在故障及老化的作用下,材料(绝缘材料、电解液等)会发生分解,并产生多种能够反映故障类型或老化程度的气体,如氢气(H_2)、乙炔(C_2H_2)、乙烯(C_2H_4)、二氧化硫(SO_2)、硫化氢(H_2S)等。实时检测电力设备故障特征气体的组分与含量,对设备的故障诊断和状态评估具有重要意义。

光纤气体传感器具有体积小、布置灵活、抗电磁干扰能力强等优点,在对电力设备特征气体的在线监测中具有独特优势。目前光纤气体传感检测技术主要包括拉曼光谱型光纤气体传感检测技术、红外吸收光谱型光纤气体传感检测技术、光声光谱型光纤气体传感检测技术、气敏材料型光纤气体传感检测技术等。本章将对上述光纤气体传感检测技术进行详细介绍,并对各自特点进行分析对比。

3.1　电力设备主要故障特征气体

3.1.1　油浸式电力设备故障特征气体

油浸式电力设备(油浸式变压器、电抗器、互感器、套管等)是电力系统中最重要的关键核心设备之一,维护良好的油浸式电力设备的使用寿命通常可达数十年[1]。在设备运行期间随着绝缘系统的老化,难免会产生故障,而油浸式电力设备的故障最终可能导致整个电力系统的瘫痪。因此,对油浸式电力设备进行状态监测并准确诊断早期故障、及时掌握设备的油纸绝缘老化状态,对保障电网安全稳定运行、提高设备利用率和降低设备检修费用具有重要意义[2-3]。

对油浸式电力设备主要故障特征气体进行检测与分析,是诊断油浸式电力设备故障及老化状态的最有效的方法之一[4-8]。在热故障或电故障的作用下,油浸式电力设备的绝缘油及固体绝缘材料(绝缘纸、层压纸板、木块等)在经过一系列化学反应后将会发生分解并产生多种气体。故障初期,气体产生的速率较慢,最终大部分会溶解于绝缘油中。

绝缘油中气体的组分与含量与油浸式电力设备的故障类型与故障程度密切相关[9-13]。油浸式电力设备故障主要分为热故障与电故障两大类。热故障所产生气体的组分与比例与故障热点的温度有关。低温过热时(温度低于150 ℃或在150 ~ 300 ℃),油中烃类气体主要成分为甲烷(CH_4)与乙烷(C_2H_6),且CH_4在总烃中占比较大,乙烯(C_2H_4)含量较低,不会产生乙炔;中温过热时(温度在300 ~ 700 ℃),油中氢气(H_2)和烃类气体的含量将会增长,且C_2H_4的比例上升;高温过热时(温度大于700 ℃),变压器油急剧分解,油中 H_2 和 C_2H_4 的

37

含量将会增加,且可能会出现少量的乙炔(C_2H_2)。此外,若热故障涉及固体绝缘材料,则油中将会出现大量的一氧化碳(CO)与二氧化碳(CO_2),且含量随故障热点温度升高而增加。

油浸式电力设备电故障所产生的气体与放电的能量密度有关。对于放电能量较低的局部放电故障,油中将会出现较多 H_2 与比例较低的烃类气体(大部分为 CH_4);对于放电能量相对较高的火花放电故障,油中将会出现较多的 C_2H_2、H_2 以及含量较低的其他烃类气体;对于高能量放电的电弧放电故障,油中将会出现较多的 C_2H_2、H_2、CH_4、C_2H_4,且烃类气体比例较大。

上述关于油浸式电力设备故障特征气体生成的分析中,仅考虑了 C1 烃类气体(CH_4)和 C2 烃类气体(C_2H_6、C_2H_4、C_2H_2)。在某些情况下,通过检测油浸式电力设备绝缘油中的 C3 烃类气体(丙烷 C_3H_8、丙烯 C_3H_6、丙炔 C_3H_4)的含量,可以获取更多的设备故障信息,使故障诊断结果更加准确。然而,C3 烃类气体在绝缘油中的溶解度远大于其在空气中的溶解度,导致 C3 烃类气体通常很难从绝缘油中有效分离提取。而且根据人们数十年的油浸式电力设备故障诊断经验,在绝大部分情况下,即使不考虑绝缘油中 C3 烃类气体的组分与含量,油浸式电力设备故障诊断结果也较为准确。因此,在利用绝缘油中的故障特征气体组分与含量对油浸式电力设备进行故障诊断时,一般不考虑 C3 烃类气体。

此外,油浸式电力设备的绝缘油中通常还溶解有一定量的来自空气的氮气(N_2)和氧气(O_2)。随着设备绝缘材料的老化,油中的 O_2 将会被逐渐消耗。对于密封良好的油浸式电力设备,随着 O_2 的不断消耗,油中 O_2 与 N_2 的比值可能会低于 0.05。

油浸式电力设备在不同故障类型下产生的气体组分如表 3.1 所示。通过对油浸式电力设备主要故障特征气体(CO_2、CO、H_2、CH_4、C_2H_6、C_2H_4、C_2H_2)的组分与含量进行在线监测,可以诊断油浸式电力设备的故障类型及程度,可以预测油浸式电力设备的早期潜伏性故障。

表 3.1　油浸式电力设备不同故障类型产生的气体

故障类型	主要气体组分	次要气体组分
油过热	CH_4、C_2H_4	H_2、C_2H_6
油和纸过热	CH_4、C_2H_4、CO	H_2、C_2H_6、CO_2
油纸绝缘中局部放电	H_2、CH_4、CO	C_2H_4、C_2H_6、C_2H_2
油中火花放电	H_2、C_2H_2	—
油中电弧放电	H_2、C_2H_2、C_2H_4	CH_4、C_2H_6
油和纸中电弧放电	H_2、C_2H_2、C_2H_4、CO	CH_4、C_2H_6、CO_2

3.1.2　气体绝缘设备故障特征气体

电气设备的安全可靠运行是避免电力系统重大事故的第一道防线。准确诊断电气设备的早期故障,及时掌握其内部缺陷类型以及运行状态,做到防患于未然,是保证电网安全生产和实现设备高效检修的关键之一[14]。气体绝缘设备是输变电一次设备中重要的组成部分,因其绝缘性能好、占地面积少、稳定可靠性高、配置灵活和现场安装方便等特点已成为电力系统的关键设备。气体绝缘设备在制造运送、装配安装及运行维护等过程中不可避免地引入缺陷,难免会发生故障,气体绝缘设备的故障会严重影响电网的安全稳定运行。因此,对气体绝缘设备进行状态监测并准确诊断气体绝缘设备的早期潜伏性故障,对提高电气设备管理水平、延长电气设备使用寿命、降低设备检修费用和保障电网安全可靠运行具有重要的意义。

对 SF_6 主要分解气体准确检测和分析,是诊断气体绝缘设备内部故障及运行状态最有效的方法之一[15-21]。在放电故障或过热故障条件下,SF_6 绝缘气体发生不同层次的分解反应,与设备内部绝缘材料(聚酯乙烯、绝缘漆等)、微水和微氧等发生复杂且不可逆转的化学反应,生成多组分的特征气体。这些气体大多有毒且具有腐蚀性,会加速气体绝缘设备内绝缘材料的老化和金属材料的腐蚀,造成气体绝缘设备产生突发性的绝缘故障,危害电气设备的安全稳定运行。

SF_6 主要分解气体的组分及含量与气体绝缘设备内部故障类型和故障程度密切相关[22-24],气体绝缘设备故障主要分为放电故障和过热故障。低能量碰撞的局部放电导致 SF_6 分子被撞击分裂为 SF_x 等低氟硫化物,与微水和微氧反应生成 SO_xF_y 等气体,其中 SO_2F_2 所占比例较大;较高能量碰撞的火花放电过程主要导致 HF、SO_2 和 SO_xF_y 等气体的产生;高能量碰撞的电弧放电过程主要导致 SO_2F_2、SOF_2、SO_2、H_2S 和 HF 等气体的产生。过热故障下设备内部局部过热产生高能热场,SF_6 分子吸收热能裂解,与微水微氧和有机固体绝缘材料发生化学反应,生成 CO_2、CO、CF_4、SO_2、COS 和 SOF_2 等主要特征气体。

气体绝缘设备在不同故障类型下产生的气体组分如表3.2所示。通过对气体绝缘设备故障特征气体(SO_2F_2、SO_2、CF_4、COS、CO_2、CO)的组分与含量进行分析,可以诊断气体绝缘设备内部故障类型及其严重程度,实现气体绝缘设备绝缘状态的诊断[25-26]。

表 3.2　气体绝缘设备不同故障类型产生的气体

故障类型	主要特征气体
局部放电	SO_2F_2
火花放电	SO_2、SO_2F_2
电弧放电	SO_2
有机绝缘材料电弧放电	CF_4、CO_2、CO
过热故障	CF_4、COS、CO_2、CO、SO_2

3.1.3　电化学储能系统故障特征气体

电力生产过程是连续进行的,发电、输电、变电、配电、用电必须时刻保持平衡。电力系统的负荷存在峰谷差,必须留有很大的备用容量,导致系统设备运行效率较低。应用储能技术可以对负荷削峰填谷,提高系统可靠性和稳定性,减少系统备用需求及停电损失。另外,随着新能源发电规模的日益扩大和分布式发电技术的不断发展,电力储能技术的重要性也日益凸显。储能技术是在传统电力系统生产模式的基础上增加一个储存电能的环节,使原来全"刚性"的系统"柔性"起来,电网运行的安全性、可靠性、经济性、灵活性也因此得到大幅度的提高。

电化学储能技术在建设周期及布点、动态特性等方面显著优于机械储能技术(抽水储能、压缩空气储能、飞轮储能等),因此已成为优先发展方向之一。目前电化学储能系统中常用的电池元件主要包括铅酸电池、镍镉电池、镍氢电池、液流电池、钠硫电池、锂离子电池等。其中锂离子电池具有单体电压高、质量小、比能量大、循环寿命长、无记忆效应、无污染等优点,得到了快速的发展。近年来,随着锂离子电池制造技术的完善和成本的不断降低,许多国家已将锂离子电池用于储能系统。

电化学储能系统在发生热故障或电故障(过充电、过放电等)时,其电解液等材料会发生分解,并产生多种可以反映故障类型与程度的特征气体[27-30]。以锂离子电池为例,表3.3给出了不同阴极材料的锂离子电池,在不同故障类型下分解气体的主要成分。

表3.3 锂离子电池在不同故障类型下分解气体的主要成分

故障类型	阴极材料	分解气体主要组分
热故障	钴酸锂(LCO)	CO_2、CO、CH_4、C_2H_4、HF、H_2 等
	镍钴铝(NCA)	CO_2、CO、CH_4、C_2H_4、C_2H_5F 等
	锰酸锂(LMO)	CO_2、CO、NO、SO_2、HCl 等
	磷酸铁锂(LFP)	CO_2、CO、CH_4、C_2H_4、HF、H_2 等
	镍锰钴(NMC)	CO_2、CO、CH_4、C_2H_4、H_2 等
过充电	钴酸锂(LCO)	CO_2、CO、CH_4、C_2H_6、C_3H_8、C_3H_6 等
	磷酸铁锂(LFP)	CO_2、CO、CH_4、C_2H_4、C_2H_6 等
过放电	钴酸锂(LCO)	CO_2、CO、CH_4、C_3H_6 等
	镍锰钴(NMC)	CO、CH_4、C_2H_2、C_2H_4、C_2H_6 等

3.2 拉曼光谱型光纤气体传感检测技术

3.2.1 拉曼光谱基本原理

3.2.1.1 拉曼光谱经典电磁理论

拉曼散射现象于 1923 年由 Adolf Smekal 预言[31],于 1928 年由 C. V. Raman 和 K. S. Krishnan 通过实验验证[32],之后命名为"拉曼散射"[33-41]。

假设某分子的初始振动频率为 ν_{vib},此时当一束频率为 ν_0,振幅为 E_0,电矢量为 $\boldsymbol{E} = E_0\cos(2\pi\nu_0 t)$ 的入射光与分子发生散射时,该分子将会被极化,电子层上将会感应出电偶极矩:

$$p(t) = \alpha(R)E_0\cos(2\pi\nu_0 t) \tag{3.1}$$

式中,α 为分子极化率,与分子振动时原子之间的核间距 R 相关。假设该分子平衡核间距为 R_0,将 $\alpha(R)$ 在 R_0 处泰勒展开,并忽略高次项:

$$\alpha(R) = \alpha(R_0) + \frac{d\alpha}{dR}(R - R_0) \tag{3.2}$$

其中 R 与时间 t 相关,且满足:

$$R - R_0 = q\cos(2\pi\nu_{vib}t) \tag{3.3}$$

其中 q 为分子振动的振幅,将式(3.2)、式(3.3)代入式(3.1)并经过一定的三角变换可得:

$$p(t) = \alpha(R_0)E\cos(2\pi\nu_0 t) + \frac{1}{2}\frac{d\alpha}{dR}qE_0\{\cos[2\pi(\nu_0 + \nu_{vib})t] + $$
$$\cos[2\pi(\nu_0 - \nu_{vib})t]\} \tag{3.4}$$

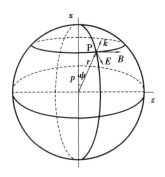

图 3.1　振荡电偶极子辐射的球面电磁波

经典电磁理论把光散射过程看作分子形成的电偶极子的辐射过程,振动的极化分子发出的辐射就是散射光。如图 3.1 所示,设入射光为沿 z 轴传播,电矢量方向沿 x 轴的偏振光。根据电磁场理论,该入射光使分子极化后,振荡的电偶极子在距离很远的 P 点辐射的电矢量 E 和磁感应强度 B 的大小为:

$$E = \frac{\omega_i^2 p_i \sin\psi}{4\pi\varepsilon v^2 r}\cos(kr - \omega_i t) \tag{3.5}$$

$$B = \frac{\omega_i^2 p_i \sin\psi}{4\pi\varepsilon v^3 r}\cos(kr - \omega_i t) \tag{3.6}$$

其中 ω_i 和 p_i 为式中不同频率电偶极矩的角频率和振幅,r 为电偶极子到点 P 的距离,ψ 为 r 与电偶极子轴线之间的夹角,ε 和 μ 分别为介电常数和磁导率,v 为电磁波传播速度。式(3.5)和式(3.6)表明电偶极子辐射的电磁波是一个以电偶极子为中心的发散球面波。

振荡电偶极子辐射的电磁场能量密度为:

$$w = \frac{1}{2}(E \cdot D + H \cdot B) = \frac{1}{2}\left(\varepsilon E^2 + \frac{1}{\mu}B^2\right) \tag{3.7}$$

式中,D 为电位移矢量,H 为磁场强度,μ 为磁导率。坡印廷矢量 S 的大小为:

$$S = wv = \frac{v}{2}\left(\varepsilon E^2 + \frac{1}{\mu}B^2\right) = \frac{1}{\mu}EB \tag{3.8}$$

辐射强度(散射强度)在一个周期内的平均值为:

$$\langle S \rangle = \frac{1}{T}\int_0^T S\mathrm{d}t = \frac{\omega_i{}^4 p_i{}^2}{32\pi\varepsilon v^3 r^2}\sin^2\psi \tag{3.9}$$

式(3.4)表明光子与分子相互作用发生散射时,分子将被光子极化并形成振荡电偶极子。该电偶极子将向外辐射三种形式的能量:频率与入射光子相同的瑞利散射光,其频率为 ν_0;频率小于入射光子的斯托克斯拉曼散射光,其频率为 $\nu_0 - \nu_{vib}$;频率大于入射光子的反斯托克斯拉曼散射光,其频率为 $\nu_0 + \nu_{vib}$。

式(3.9)表明,辐射强度(散射光的强度)近似与入射光频率的四次方成正比,即近似与入射光波长的四次方成反比。辐射强度和散射光收集方向与分子感应电偶极矩的夹角 ψ 有关,且在 $\psi = 90°$ 的方向上散射光最强,在 $\psi = 0°$ 的方向上散射光最弱(理论上为零)。因此,当散射光收集方向与入射光偏振方向垂直时,可以收集到更多的拉曼散射光。

然而,拉曼散射的经典电磁理论并不能很好地解释某些实验现象。例如,经典电磁场理论难以解释斯托克斯拉曼散射与反斯托克斯拉曼散射的强度分布规律。式(3.9)表明,光子与分子发生非弹性散射时,散射光中的斯托克斯拉曼散射和反斯托克斯拉曼散射的强度相同。然而在实际观察中,反斯托克斯拉曼散射的强度远小于斯托克斯拉曼散射。因此拉曼散射现象的机理需要进一步通过量子力学理论进行阐述。

3.2.1.2 拉曼光谱半经典 – 半量子理论

量子理论认为当入射光子与分子发生碰撞时,光子存在一定的几率发生散射。当光子发生散射时,入射光子湮灭,其能量将转移至与其碰撞的分子。假设分子吸收光子能量后,跃迁至同一电子能级的虚态,由于虚态不稳定,分子最终将回到低能级,损失一部分能量并释放出一个光子(出射光子)。如图3.2所示,若碰撞前后分子能级未发生变化,出射光子的能量应等于入射光子的能量,即出射光子的波长等于入射光子的波长,该散射现象被称为瑞利散射;若碰撞后分子能量增加,使出射光子的能量小于入射光子,即出射光子的波长大于入射光子的波长,该散射现象被称为斯托克斯拉曼散射;若碰撞后分子能量减小,使出射光子的能量大于入射光子的能量,即出射光子的波长小于入射光子的波长,该散射现象被称为反斯托克斯拉曼散射。

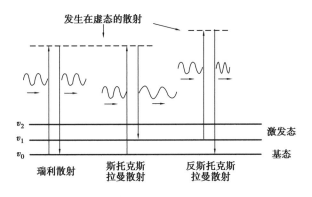

图 3.2 散射前后的分子能级变化

反斯托克斯拉曼散射强度 I_{as} 与斯托克斯拉曼散射强度 I_s 之比与处于不同能级的分子数量有关,遵循玻尔兹曼分布:

$$\frac{I_{as}}{I_s} = \frac{n(v = 1)}{n(v = 0)} = \exp\left(-\frac{h\nu_{vib}}{kT}\right) \tag{3.10}$$

其中 k 为玻尔兹曼常数,T 为温度。根据式(3.10)可知,通常情况下,反斯托克斯拉曼散射的强度远低于斯托克斯拉曼散射的强度。例如,O_2 在温度为 300 K 时,其反斯托克斯拉曼散射的强度仅为其斯托克斯拉曼散射强度的 0.06%。因此,将拉曼光谱用于物质检测时,通常仅考虑斯托克斯拉曼散射。由式(3.10)还可以看出,当温度升高时,处于高能级的分子数将增多,即反斯托克斯拉曼散射强度的比例将增加,斯托克斯拉曼散射强度的比例将降低。

根据散射前后分子能级的变化,拉曼光谱可分为振动拉曼光谱、转动拉曼光谱、振动–转动拉曼光谱。

1)振动拉曼光谱

振动拉曼光谱为分子与光子碰撞前后仅振动能级发生变化(变高,此处仅考虑斯托克斯拉曼散射),而转动能级未发生变化的拉曼光谱。为了描述简便,以下以双原子分子为例。经典力学中,双原子分子的振动看作为质量为 m_1 与 m_2 的原子通过无质量的弹簧(分子键)连接,且只能沿着两者的沿线运动。假设 X_1、X_2 分别为两原子运动时的位移,F 为分子键力常数(弹性系数),根据牛顿定律和胡克定律可以得到两原子的运动方程 $X_1(t)$ 与 $X_2(t)$ 需满足:

$$F(X_2 - X_1) = m_1 \frac{\mathrm{d}^2 X_1}{\mathrm{d}t^2} - F(X_2 - X_1) = m_2 \frac{\mathrm{d}^2 X_2}{\mathrm{d}t^2} \qquad (3.11)$$

根据上式可以得到:

$$m_1 \frac{\mathrm{d}^2 X_1}{\mathrm{d}t^2} + m_2 \frac{\mathrm{d}^2 X_2}{\mathrm{d}t^2} = 0 \qquad (3.12)$$

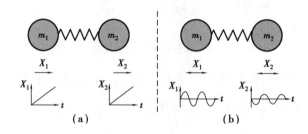

图 3.3 双原子分子的两种运动形式

(a)平动;(b)振动

根据式(3.11)和式(3.12)可以看出,$X_1(t)$ 与 $X_2(t)$ 的其中一种形式为 X_1 与 X_2 均为时间 t 的一次函数,且 $X_1 = X_2$。此形式对应了分子的平动,且原子间无相对位移,如图3.3(a)所示。$X_1(t)$ 与 $X_2(t)$ 的另一种形式为 X_1 与 X_2 的均为时间 t 的余弦函数,此形式对应了分子内原子的振动,如图3.3(b)所示。假设原子振动的角频率分别为 ω_1 与 ω_2,振幅分别为 A_1 与 A_2,相位常数分别为 α_1 与 α_2,则:

$$X_1 = A_1 \cos(\omega_1 t + \alpha_1) \quad X_2 = A_2 \cos(\omega_2 t + \alpha_2) \qquad (3.13)$$

若使 $X_1(t)$ 与 $X_2(t)$ 满足式(3.12),则角频率与相位常数需满足 $\omega_1 = \omega_2$、$\alpha_1 = \alpha_2 = \alpha$。令 $\omega = 2\pi\nu_{\mathrm{vib}}$,可改写为:

$$X_1 = A_1\cos(2\pi\nu_{vib}t + \alpha) \qquad \frac{d^2X_1}{dt^2} = -A_14\pi^2\nu_{vib}{}^2\cos(2\pi\nu_{vib}t + \alpha)$$

$$X_2 = A_2\cos(2\pi\nu_{vib}t + \alpha) \qquad \frac{d^2X_2}{dt^2} = -A_24\pi^2\nu_{vib}{}^2\cos(2\pi\nu_{vib}t + \alpha) \tag{3.14}$$

将上两式代入式(3.12)可以计算得到：

$$\nu_{vib} = \frac{1}{2\pi}\sqrt{F\left(\frac{1}{m_1} + \frac{1}{m_2}\right)} \tag{3.15}$$

在量子力学理论中,振动能量不是连续可变的,其振动量子数为 $v(v = 0,1,$ $2,\cdots)$。若分子为谐振子,不同能级的振动能量 $E_{vib}(v)$ 和相邻能级的能级差 ΔE_{vib} 为：

$$E_{vib}(v) = \left(v + \frac{1}{2}\right)h\nu_{vib} \tag{3.16}$$

$$\Delta E_{vib} = E_{vib}(v + 1) - E_{vib}(v) = h\nu_{vib} \tag{3.17}$$

若分子为非谐振子,不同能级振动能量和相邻能级的能级差为：

$$E_{vib}(v) = h\nu_{vib}\left(v + \frac{1}{2}\right) - \frac{[h\nu_{vib}(v + 1/2)]^2}{4D_e} \tag{3.18}$$

$$\Delta E_{vib} = E_{vib}(v + 1) - E_{vib}(v) = h\nu_{vib} - (v + 1)(h\nu_{vib})^2/2D_e \tag{3.19}$$

其中 D_e 为分子离解能。此外,对于谐振子,其振动拉曼光谱选律为 $\Delta v = \pm 1$；对于非谐振子,其振动拉曼光谱选律为 $\Delta v = \pm 1, \pm 2\cdots$。

假设入射光波长为 λ_0,频率为 ν_0,对于振动拉曼光谱(简单考虑为谐振子,且 $\Delta v = 1$),其斯托克斯拉曼散射光的能量 E_{vs} 为：

$$E_{vs} = h\nu_0 - h\nu_{vib} \tag{3.20}$$

因此,散射光的波长 λ_{vs} 即为：

$$\lambda_{vs} = \frac{c}{\nu_0 - \nu_{vib}} \tag{3.21}$$

式中 c 为光速。根据式(3.21),散射光的拉曼频移(波数) w 可计算为：

$$w = \frac{1}{\lambda_0} - \frac{1}{\lambda_{vs}} = \frac{h\nu_{vib}}{hc} = \frac{\nu_{vib}}{c} \tag{3.22}$$

可以看出,振动拉曼散射的拉曼频移的物理意义与分子的振动能级差(或振动频率)密切相关。对于振动拉曼谱线,其拉曼频移仅与分子的特性有关,与入射光波长等因素无关。

2)转动拉曼光谱

转动拉曼光谱为分子与光子碰撞前后仅转动能级发生变化(变高或变低),而振动能级未发生变化的拉曼光谱。以双原子分子为例,若考虑分子为刚性转子,根据量子力学理论,其转动能量为:

$$F(J) = hcBJ(J+1) \tag{3.23}$$

其中 J 为转动量子数(非负整数),B 为转动常数,与分子自身的转动惯量 I_b 相关:

$$B = \frac{h}{8\pi I_b c} \tag{3.24}$$

若考虑分子为非刚性转子,由于离心畸变效应,转动能量将修正为:

$$F(J) = hcBJ(J+1) - hcDJ^2(J+1)^2 \tag{3.25}$$

其中 D 为离心拉伸常数:

$$D = \frac{\hbar^3}{4\pi k I_b^2 R_e^2 c} \tag{3.26}$$

若忽略离心畸变效应,根据式(3.22)计算可知,第一条斯托克斯转动拉曼谱线的频移应为 $6B$,随后每条转动拉曼谱线的间隔为 $4B$。此外,转动拉曼光谱的选律为 $\Delta J = \pm 2$。与振动拉曼光谱类似,转动拉曼光谱的强度分布由处于不同转动能级的分子布居数决定:

$$\frac{n_j}{n_0} = (2J+1)\exp\left(-\frac{J(J+1)Bhc}{kT}\right) \tag{3.27}$$

其中 n_j 与 n_0 分别为处于 J 转动能级与 0 转动能级的分子数。由上式可以看出,温度同样影响不同转动能级上的分子数量分布,从而影响各个转动拉曼谱峰的强度。

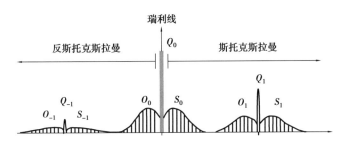

图 3.4　振动 – 转动拉曼光谱

3) 振动-转动拉曼光谱

振动-转动拉曼光谱(简称振转拉曼光谱)为分子与光子碰撞前后振动能级发生变化(变高,仅考虑斯托克斯拉曼散射),转动能级也发生变化(变高或变低)的拉曼光谱。如图 3.4 所示,分子振动拉曼谱峰(Q 支)周围通常伴随着强度较低的振转拉曼谱峰;其中分子转动能级变高的称为 S 支(频移高于 Q 支);分子转动能级变低的称为 O 支(频移低于 Q 支)。振转拉曼谱峰的强度分布与转动拉曼谱峰近似。

3.2.1.3　原子核自旋对拉曼光谱的影响

对于同核双原子分子,受核交换对称性的影响,奇数 J 与偶数 J 的转动拉曼谱峰(或振转拉曼谱峰)的强度通常呈现特定的比例。

分子总的波函数 ψ 可表示为:

$$\psi = \psi_\mathrm{t}\psi_\mathrm{v}\psi_\mathrm{r}\psi_\mathrm{e}\psi_\mathrm{I} \tag{3.28}$$

其中 ψ_t 为双原子质心的平动波函数;ψ_v 为原子核的振动波函数;ψ_r 为原子核的转动波函数;ψ_e 为电子波函数;ψ_I 为核自旋波函数。

对于全同费米子系统,总波函数对核交换是反对称的;对于全同玻色子系统,总波函数对核交换是对称的。一般认为对核交换时 ψ_t 是不变的。对于任意的振动量子数 ν,同核双原子分子的振动波函数对核交换都是对称的。

当转动量子数 J 为偶数时,转动波函数对核交换是对称的;当转动量子数 J 为奇数时,转动波函数对核交换是反对称的;对于电子基态为 Σ_g^{+} 的原子(例如

^{1}H、^{14}N 等),由其组成的同核双原子分子的电子基态波函数对核交换是对称的;对于电子基态为 Σ_g^- 的原子(例如^{16}O 等),由其组成的同核双原子分子的电子基态波函数对核交换是反对称的。

设原子核的自旋量子数为 I,则对同核双原子分子,有 $(2I+1)(I+1)$ 个对称的核自旋波函数(正类分子)和 $(2I+1)I$ 个反对称的核自旋波函数(仲类分子),即正类分子数 $N_正$ 与仲类分子数 $N_仲$ 之比为:

$$\frac{N_正}{N_仲} = \frac{I+1}{I} \tag{3.29}$$

例如对于^{1}H$_2$分子,$I = 1/2$,是全同费米子系统,其总波函数对核交换是反对称的;^{1}H$_2$分子的电子基态为$^1\Sigma_g^+$,其电子基态波函数对核交换是对称的。若使总波函数反对称,当 J 为奇数时,核自旋波函数需对称;当 J 为偶数时,核自旋波函数需反对称。因此由式(3.29)计算可得,J 为奇数的^{1}H$_2$分子(正氢)与 J 为偶数的^{1}H$_2$分子(仲氢)数量之比为3:1。对于拉曼光谱,由于转动选择定律为 $\Delta J = \pm 2$,因此^{1}H$_2$奇数 J 与偶数 J 的拉曼光谱强度比应为3:1。

3.2.2　基于空芯光纤的拉曼光谱型光纤气体传感检测技术

基于空芯光纤的拉曼光谱型光纤气体传感检测技术[42-47]的基本原理可简述如下:如图3.5 所示,其利用空芯光纤作为气室,激光耦合进入光纤内部,并激发光纤内部气体的拉曼散射光,最终气体拉曼信号由空芯光纤输出,并由探测系统(通常由光谱仪和 CCD 构成)生成拉曼光谱图。此外,空芯光纤还可提升拉曼散射光的收集效率,气体拉曼信号强度得到增强。因此,基于空芯光纤的拉曼光谱型光纤气体传感检测技术还可解决气体拉曼信号强度弱的瓶颈问题,使其具备较低的气体检出限。

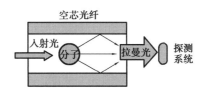

图 3.5　基于空芯光纤的拉曼光谱型光纤气体传感检测技术基本原理

空芯光纤按照发展顺序可分为三类:镀银毛细管、空芯光子晶体带隙光纤和空芯反谐振光纤。因此,基于空芯光纤的拉曼光谱型光纤气体传感检测技术按照发展顺序也分为三个阶段。

在镀银毛细管增强拉曼技术方面,William F. 等人设计并搭建了基于镀银毛细管的 FERS,采用波长为 514.5 nm,功率为 100 mW 的氩离子激光器,通过两块反射镜对光路进行准直,经拉曼探针或者透镜组合系统将激光耦合进入镀银毛细管中,并在毛细管出光端贴放反射镜,实现激光的反射。拉曼探针如图 3.6 所示,内径为 400 μm,数值孔径为 0.22。透镜组合系统是由两块物镜组成,第一块是放大倍数为 10X 的显微物镜,第二块是焦距为 35 mm 的尼康物镜。镀银毛细管内径为 2 mm,内壁镀有对激光实现反射率的银膜。在 60 s 的积分时间、0.1 MPa 压强和 27 cm 光纤长度下,背向收集方式下 N_2 的检出限为 300 μL/L。

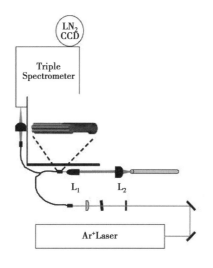

图 3.6　拉曼探针示意图

郭金家等人搭建了镀银毛细管拉曼光谱系统,如图 3.7 所示。实验采用半导体泵浦的二倍频 Nd:YAG 连续激光器作为激光光源,功率为 100 mW,激发光经透镜聚焦到内壁镀有高反介质膜的毛细管中,产生的拉曼信号经双透镜系统进行空间滤波并最终进入光谱仪中。实验中镀银毛细管长度为 1 m,内部芯径为 500 μm。光谱仪型号为 Acton SP300,配有刻痕密度为 1200 1/mm 的光栅以及 20 μm 的入射狭缝宽度,探测器采用 Princeton Intruments PIXIS 256E CCD。为评估镀银毛细管对拉曼探测的增强效果,实验还搭建了一套基于后向散射的拉曼光谱探测装置,如图 3.8 所示。激光器发出激光,依次经过 532 nm 高反镜、532 nm 二向色镜、聚焦透镜会聚到气体样品上,产生的拉曼信号通过双透镜系统收集到光谱仪中。实验证明在 60 s 积分时间和 0.1 MPa 压强下,背向收集下的镀银毛细管拉曼光谱系统能使空气中的 N_2 与 O_2 拉曼散射信号强度提高 60 倍;同年,利用 1.5 W $Nd:YVO_4$ 固体激光器,65 cm 长的镀银毛细管,在 200 s 积分时间和 0.1 MPa 下,CO_2、H_2O 的检出限为 143 μL/L 和 400 μL/L,并获取到了空气中 $^{14}N^{15}N$ 的含量。

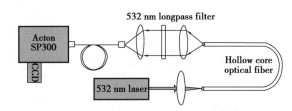

图 3.7　镀银毛细管拉曼光谱系统

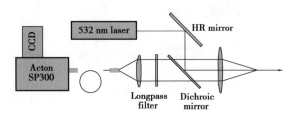

图 3.8　后向散射的拉曼光谱探测装置

Simone Rupp 等人搭建了基于镀银毛细管的 FERS,如图 3.9 所示。实验采用 532 nm 的半导体泵浦的二倍频 Nd:YAG 连续激光器作为激光光源,通过焦距 750 mm 聚焦透镜耦合进入镀银毛细管中,可以较好地规避高阶模式的产生。激光经二向色镜反射进入内径为 1 mm,长度为 65 cm 的空芯镀银毛细管中,并在出光口贴放反射镜。产生的拉曼光通过二向色镜和滤光片来消除激光以及瑞丽散射光,经透镜耦合进入光谱仪与 CCD 中。光谱仪型号为 PI Acton SP500,Czerny-Turner,采用 600 gr/mm 刻痕密度的光栅,CCD 型号为 Princeton Instruments PIXIS400B。同年采用两个消色差透镜实现光谱仪对拉曼散射光的收集,采用减少荧光效应的光学元件和离轴抛物镜两种方法抑制荧光信号的产生。在背向收集方式下,50 s 积分时间和 0.1 MPa 下实现了 CO_2、H_2O 的同时检测,检出限分别为 430 μL/L 和 400 μL/L。

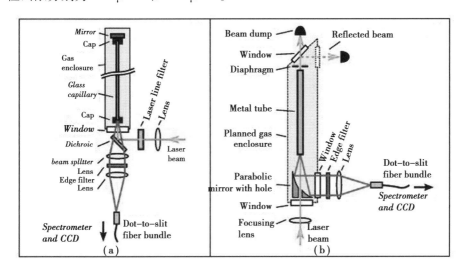

图 3.9　基于镀银毛细管的 FERS

在空芯光子晶体带隙光纤增强拉曼技术方面,Buric 等人设计搭建了前向收集的光纤增强平台,如图 3.10 所示,实现了天然气的探测,采用 100 mW、波长为 514.5 nm、激发模式为 TEM00 的氩离子固体激光器,使用透镜将激光耦合到 25 cm 长的 HC-580-01 型光纤(光纤在 510~590 nm 波段的损耗 <1 dB/m,在 590~610 nm 损耗 < 1.5 dB/m)。使用透镜对从光纤端口出射的发散光进

行准直,经滤光片滤除激光以及瑞丽散射光,并由透镜耦合进入光谱仪与光电倍增管中。光谱仪型号为 HoribaJ-Y iHR550,光电倍增管型号为 EMI 9789A。由于受硅背景信号影响等因素,CH_4 在 0.69 MPa 压强和 1 s 的积分时间下的检出限仅达 0.5%;同年,Buric 等人使用优化(添加针孔滤波装置)的光纤增强装置,采用相同的光源经耦合透镜聚焦进入 1 m 长的空芯光纤,可以实现 60% 的耦合效率,这主要是因为激光基模与纤芯基模之间模式不匹配造成的。空芯光子晶体带隙光纤内产生的拉曼光经二向色镜通过空间滤波装置进行滤除硅噪声,实现拉曼信号信噪比的提升。空间滤波装置由两块透镜和一个针孔装置组成,其主要作用是通过第一个透镜将光斑聚焦通过针孔,然后经第二块透镜进行放大,便于光谱仪狭缝的耦合。针孔直径与纤芯基模聚集后的光斑直径一致时可实现最佳的空间滤波效果,实验在 1 s 的积分时间和 0.69 MPa 下,CH_4、C_3H_8 的检出限接近 20 μL/L。

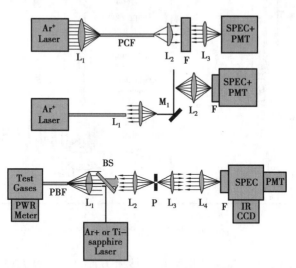

图 3.10　前向收集的光纤增强平台

Yang 等人搭建了基于空芯光子晶体带隙光纤的 FERS,采用 785 nm 激光光源和长度 0.3 m 光纤开展了拉曼光谱检测实验。空芯光子晶体带隙光纤从美国 Thorlabs 公司购买,型号为 HC-800B,纤芯直径为 7.5 μm,传输波段在 735 ~

915 nm。将光纤一端曝光于空气中在 60 s 积分时间下,空气中 N₂、O₂ 的拉曼散射强度提高了约 700 倍,开展了甲苯、丙酮、三氯乙烷的拉曼光谱实验,在 20 s 积分时间和 0.1 MPa 下各物质检出限分别为 400、100 和 1 200 μL/L。

Jochum 等人利用光纤增强拉曼气体传感器实现了水果运输产业中 O₂、CO₂、NH₃ 等气体的监测,如图 3.11 所示。该传感器使用微结构空芯光子晶体带隙光纤,在单次测量中同时对 O₂、CO₂、NH₃、C₂H₄ 的交叉敏感程度进行研究,实验表明不存在交叉干扰。该传感器使用半导体泵浦二倍频 Nd:YAG 连续激光器作为激光光源,激光波长为 532 nm。空芯光子晶体带隙光纤长度为 30 cm,纤芯直径为 14.5 μm。激光经反射镜准直,被二向色镜反射,通过显微物镜(型号 Olympus LUCPLFLN 20X)聚焦进入空芯光子晶体带隙光纤。光纤内部气体的流动通过自制的光纤适配器进行控制,适配器端面装有光学窗口用来实现激光的耦合和拉曼光的收集,内部可承受 20 bar 的压强,内部体积约为 0.1 μL,气体的流入通过磁力阀进行控制。拉曼光通过空间滤波装置降低硅噪声,通过滤光片滤除激光以及瑞丽散射光,最终通过透镜耦合进入光谱仪与 CCD。

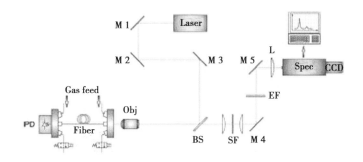

图 3.11　拉曼气体传感器结构图

Kam 等人设计了与光纤配合使用的气体控制系统,如图 3.12 所示。实验采用功率为 100 mW,波长为 785 nm 的单模连续激光,将 CO₂ 充入长度为 2.5 m 的空芯光子晶体带隙光纤(型号为 HC-800-01,纤芯直径为 10 μm,波长在 785～875 nm 处的损耗小于 0.35 dB/m),利用非球面透镜将连续输出激光聚焦到光纤中进行气体拉曼光谱检测。光谱仪型号为 Holospec f/2.2 Spectrograph

Kaiser Optical Systems，CCD 型号为 Spec-10：100 BR/LN，Princeton Instruments。0.1 MPa 和 25 s 的积分时间下的 CO_2 的检出限达到 15 μL/L，并且光纤端面对耦合效率十分重要，使用切割机切割后，需用显微镜对其端面进行观察。

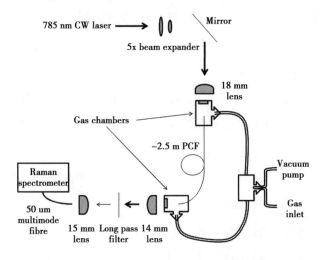

图 3.12　与光纤配合使用的气体控制系统

Vincenz 等人设计并搭建了背向收集光纤增强拉曼装置，如图 3.13 所示，采用功率为 28 mW、波长为 532 nm 的 Nd：YAG 固体激光器作为光源，激光经滤波片反射，由显微物镜耦合进入空芯光子晶体带隙光纤，采用小孔宽度为 50 μm 的针孔滤波装置，并使用 80 cm 长的两种结构的空芯光子晶体带隙光纤实现了天然气混合气体的检测。在 1 s 积分时间和 0.2 MPa 压强下的各种气体检出限：丁烷（730 μL/L）、丙烷（1 050 μL/L）、乙烷（440 μL/L，1 070 μL/L）、甲烷（12 300 μL/L，1 330 μL/L）、氮气（110 μL/L、240 μL/L）、二氧化碳（320 μL/L、760 μL/L），其中括号中第一个检出限代表使用 PBG-PCF（型号为 HC-580，纤芯直径为 2.25 μm）的检出限，第二个检出限代表使用 Kagome-PCF（纤芯直径为 12 μm）的检出限。气体的填充是通过在光纤两端的适配器完成的，一端固定高压，另一端暴露在低压环境，通过光纤两端形成压力梯度从而实现气体的快速填充。

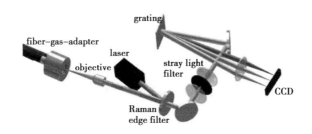

图 3.13　背向收集光纤增强拉曼装置

　　Popp 等人设计并搭建了光纤拉曼检测系统,如图 3.14 所示,采用功率为 2 W、波长为 532 nm 的 Nd:YAG 固体激光器。为实现较好的模场匹配,激光器发射的激光经过扩束器增加激光的模场直径,被二向色镜反射,经显微物镜将激光耦合到纤芯直径为 7 μm、长度 1 m 的 HC-580-02 型的空芯光子晶体带隙光纤中,耦合效率高达 90% 以上,这主要归功于模场匹配。由于拉曼光在光纤内部存在一定的空间分布规律,可采用空间滤波装置对其进行滤波,从而实现硅噪声的降低。实验开展不同针孔大小对滤波效果的影响,表明针孔直径与纤芯模场聚焦后光斑直径一致时可实现最佳的滤波效果。气体的填充和排除通过自制的适配器完成,通过在光纤两端的适配器施加高压强的气体,增加压强,可实现秒级别的气体填充,从而实现气体传感的快速响应。在 2 MPa 的压强下实现了 N_2、O_2、CO_2、N_2O、CH_4 和 H_2 等多种混合气体同时拉曼光谱检测,检出限分别达到了 9、8、4、19、0.2、4.7 μL/L。最后开展了不同浓度气体的重复性实验。实验结果表明,该系统具备较低的检出限和较高的重复性。

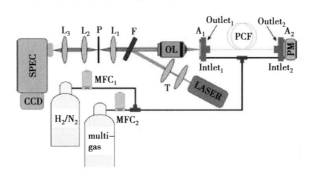

图 3.14　光纤拉曼检测系统

Sieburg 等人使用背向收集方式下的光纤增强拉曼光谱气体检测平台实现了燃烧气体(C_2-C_4,H_2S 在 0.6 MPa 压强下)的多组分气体检测,如图 3.15 所示。实验采用功率为 250 mW,波长为 640 nm 的二极管泵浦固体激光器,激光经二向色镜反射,经显微物镜耦合进入空芯光子晶体带隙光纤,与气体相互作用产生拉曼散射光,经原光路返回透过二向色镜,空间滤波后被光谱仪与 CCD 收集。光纤内部气体的填充通过光纤适配器完成,一端安装在微米精度的三轴位移台上,与耦合物镜配合实现高耦合效率。气体的填充可以通过 Labview 程序控制的电磁阀完成,从而实现全自动气体传感。空芯光子晶体带隙光纤的中心波长为 675 nm。积分时间在 1 ~ 30 s,C_3H_8、C_4H_{10} 的最小下限达 20 μL/L,C_2H_6 的检出限达 30 μL/L,H_2S 检出限达 33 μL/L。

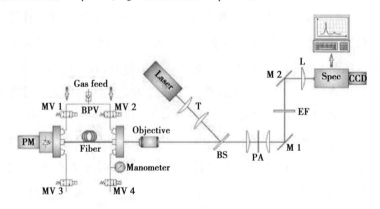

图 3.15 光纤增强拉曼光谱气体检测平台实现多组分气体检测

在空芯反谐振光纤增强拉曼技术方面,Andreas Knebl 基于空芯反谐振光纤设计并搭建了光纤增强拉曼光谱气体检测平台,如图 3.16 所示。通过设计并自己拉制了空芯反谐振光纤,其在 500 ~ 700 nm 波段的传输损耗低于 50 dB/km,相比于空芯光子晶体带隙光纤具有较低的传输损耗。实验采用波长为 532 nm,功率为 1.3 W 的固体激光器作为光源,为实现模场匹配,激光器发出的激光通过缩束减小激光模场直径,经二向色镜反射,由显微物镜耦合进入空芯反谐振光纤中,与待测气体发生相互作用,产生的拉曼散射光经原光路返回,通过滤波片,经聚焦透镜被光谱仪与 CCD 收集。实验将翻转镜放置在滤波片之前,配合照相机实现光纤端面的观察,利于实现高效耦合。值得注意的是,由于空芯反谐振光纤纤芯直径大,气体的拉曼信号与硅信号重叠程度低,因此可以不用空间滤波装置就可以实现较高的气体拉曼信号的信噪比,进一步简化了传感装置。通过自制的适配器施加高压对气体进行充换气,其交换时间可以达到秒量级,进一步加快了该传感器的响应特性。实验采用的光谱仪型号为 IsoPlane 320,Princeton Instruments。在 3.5 bar 总压,60 s 的积分时间下,CO_2 和 O_2 的检测下限分别达到 25 ppm 和 125 ppm。第二年,在基本相同的装置下进行了一些改进,在收集光路中增加了空间滤波装置,进一步提高了气体拉曼信号的信噪比。

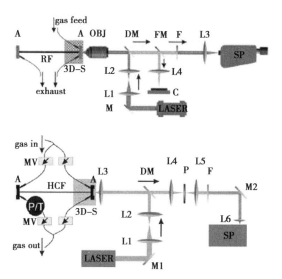

图 3.16　基于空芯反谐振光纤的光纤增强拉曼光谱气体检测平台

3.2.3　基于光学谐振腔的拉曼光谱型光纤气体传感检测技术

如图 3.17 所示,利用端面镀有反射膜的实芯光纤可构成光学谐振腔,将待测气体充入光学谐振腔内,腔内激光可激发气体的拉曼散射光。如图 3.18 所示,用于构成谐振腔的光纤端面通常需加工形成凹面,可视为凹面反射镜。

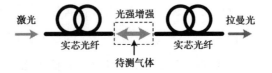

图 3.17　由光纤构成的光学谐振腔基本结构

图 3.18　经加工的凹形光纤端面

基于光学谐振腔的拉曼光谱型光纤气体传感检测技术的基本原理可简述如下:基于光学谐振腔的拉曼光谱型光纤气体传感检测技术利用光纤构成光学谐振腔(通常为线型 FP 谐振腔),激光由光纤耦合进入谐振腔并激发腔内气体的拉曼散射光,拉曼散射光由谐振腔输出后传输至探测系统进行光谱测量。此外,激光可在谐振腔内多次反射并在一定条件下形成谐振,大幅提升腔内激光强度,增强气体拉曼信号强度。因此,基于光学谐振腔的拉曼光谱型光纤气体传感检测技术还可解决气体拉曼信号强度弱的瓶颈问题,使其具备较低的气体检出限。

3.2.3.1　光学谐振基本原理

基于光学谐振腔的拉曼光谱型光纤气体传感检测技术主要利用光纤构成的光学谐振腔进行气体传感,并利用多光束相长干涉提升腔内激光强度,以实现拉曼散射信号的增强。如图 3.19 所示,以两束相干光的光学干涉情况为例:当两束相干光传播至同一点或沿同一光路传播时,若两光束的频率相同,则会出现相长干涉(相位差为 2π 的整数倍)或相消干涉(相位差为 π 的整数倍),如图 3.19(a)、(b)所示;若两光束振幅相等、频率不同(相差较小),则会出现光拍现象,如图 3.19(c)所示。其中光拍现象产生的拍频可用于检测两束光的频率差;相消干涉可用于引力波探测等;而相长干涉可使腔内激光强度得到极大提高,因此常用于光谱信号增强等领域[48-49]。

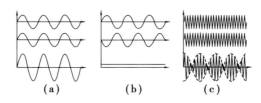

图 3.19　光学干涉

(a)相长干涉;(b)相消干涉;(c)光拍现象

3.2.3.2　光学谐振腔稳定条件与谐振条件

为使基于光学谐振腔的拉曼光谱型光纤气体传感检测技术具有更低的气体检出限,其所用光学谐振腔应满足以下条件:入射到谐振腔内的激光经多次反射后不溢出腔外,即谐振腔需满足光学稳定条件;谐振腔内多次反射的激光形成相长干涉而提升腔内激光强度,即谐振腔需满足谐振条件。

1)光学谐振腔的光线变换矩阵

傍轴光线在光学谐振腔内部反射一定次数后可能会溢出腔外,使谐振腔无法有效谐振。因此,为使光线在光学谐振腔内部往返任意多次也不会溢出,谐振腔需满足光学稳定条件。

如图 3.20(a)所示,假设一傍轴光线在 yz 平面内传播(z 轴为光轴),则该光线的参数可以用光线距离光轴的距离 r、光线传播方向与光轴的夹角 θ 表示,其中光线初始位置若在光轴上方则 r 取正值,若在光轴下方则 r 取负值;光线若向 y 轴正向传播则 θ 取正值,若向 y 轴负向传播则 θ 取负值。

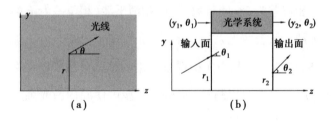

图 3.20 傍轴光线传播示意图

(a)傍轴光线的轴距和传播方向;(b)光学系统的光线变换

如图 3.20(b)所示,若入射光线(r_1,θ_1)经过一光学系统后变为(r_2,θ_2),则(r_2,θ_2)和(r_1,θ_1)的变化关系可写为:

$$\begin{cases} r_2 = A \cdot r_1 + B \cdot \theta_1 \\ \theta_2 = C \cdot r_1 + D \cdot \theta_1 \end{cases} \tag{3.30}$$

其中A、B、C、D为实数。为了方便运算,式(3.30)也可写成矩阵的形式:

$$\begin{bmatrix} r_2 \\ \theta_2 \end{bmatrix} = \boldsymbol{T}\begin{bmatrix} r_1 \\ \theta_1 \end{bmatrix} = \begin{bmatrix} A & B \\ C & D \end{bmatrix}\begin{bmatrix} r_1 \\ \theta_1 \end{bmatrix} \tag{3.31}$$

其中由A、B、C、D四个元素组成的矩阵$\boldsymbol{T}$称为光学变换矩阵(Ray-transfer matrix),该矩阵可用于描述特定光学系统对入射光线轴距和传播方向的变换情况。

均匀介质的光线变换矩阵$\boldsymbol{T}_L$如图 3.21(a)所示,假设光线在均匀介质中传播,在传播一定距离L后,光线的轴距和传播方向将变为:

$$\begin{cases} r_2 = r_1 + L \cdot \theta_1 \\ \theta_2 = \theta_1 \end{cases} \tag{3.32}$$

因此,均匀介质的光线变换矩阵$\boldsymbol{T}_L$可写为:

$$\boldsymbol{T}_L = \begin{bmatrix} 1 & L \\ 0 & 1 \end{bmatrix} \tag{3.33}$$

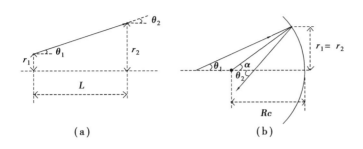

图 3.21　光学系统中光学变换示意图

（a）均匀介质的光线变换；（b）球面反射镜的光线变换

球面反射镜的光线变换矩阵 $\boldsymbol{T}_R$：如图 3.21（b）所示，光线在被一曲率半径为 R_c 的球面镜反射后，其轴距和传播方向将变为：

$$\begin{cases} r_2 = r_1 \\ \theta_2 = -2\dfrac{r_1}{R_c} + \theta_1 \end{cases} \tag{3.34}$$

因此，球面反射镜的光线变换矩阵 $\boldsymbol{T}_R$ 为：

$$\boldsymbol{T}_R = \begin{bmatrix} 1 & 0 \\ -\dfrac{2}{R_c} & 1 \end{bmatrix} \tag{3.35}$$

线型光学谐振腔的光线变换矩阵 $\boldsymbol{T}_c$：由光纤构成的光学谐振腔通常为线型结构，由可视为反射镜的光纤组成，另其分别为 M_1 和 M_2。假设 M_1 和 M_2 的曲率半径分别为 R_{c1}、R_{c2}（平面镜的曲率半径可视为无穷大），腔长（M_1 与 M_2 之间的距离）为 L。光线由反射镜 M_1 端透射进入谐振腔，并在反射镜 M_1 与 M_2 之间多次反射。一个周期内，线型光学谐振腔内部光线的具体反射过程如下：光线由 M_1 经均匀介质传输至 M_2；光线被 M_2 反射，经均匀介质传输至 M_1；光线被 M_1 反射，并重复上述过程。根据光线在线型光学谐振腔内部的传播过程，线型光学谐振腔的光线变换矩阵 $\boldsymbol{T}_c$ 可以写为：

$$\boldsymbol{T}_c = \boldsymbol{T}_{Rc1} \cdot \boldsymbol{T}_L \cdot \boldsymbol{T}_{Rc2} \cdot \boldsymbol{T}_L = \begin{bmatrix} A_c & B_c \\ C_c & D_c \end{bmatrix} \tag{3.36}$$

其中 T_L 为光学谐振腔内均匀介质的光线变换矩阵,T_{Rc1} 与 T_{Rc2} 分别为反射镜 M_1 与 M_2 的光线变换矩阵,具体可写为:

$$T_L = \begin{bmatrix} 1 & L \\ 0 & 1 \end{bmatrix} \qquad T_{Rc1} = \begin{bmatrix} 1 & 0 \\ -\dfrac{2}{R_{c1}} & 1 \end{bmatrix} \qquad T_{Rc2} = \begin{bmatrix} 1 & 0 \\ -\dfrac{2}{R_{c2}} & 1 \end{bmatrix} \qquad (3.37)$$

经计算,线型光学谐振腔的光线变换矩阵 T_c 中的各个元素 A_c、B_c、C_c、D_c 的值为:

$$A_c = 1 - \frac{2L}{R_{c2}}$$

$$B_c = 2L\left(1 - \frac{L}{R_{c2}}\right)$$

$$C_c = -\left[\frac{2}{R_{c1}} + \frac{2}{R_{c2}}\left(1 - \frac{2L}{R_{c1}}\right)\right]$$

$$(3.38)$$

$$D_c = -\left[\frac{2L}{R_{c1}} - \left(1 - \frac{2L}{R_{c1}}\right)\left(1 - \frac{2L}{R_{c2}}\right)\right]$$

2)光学谐振腔的稳定条件

光线在光学谐振腔内的传播过程为多次周期性反射,因此光学谐振腔可视为周期光学系统。对于一般的周期光学系统,假设一个周期的光线变换矩阵 T 为:

$$T = \begin{bmatrix} A & B \\ C & D \end{bmatrix} \qquad (3.39)$$

假设光线的初始离轴距离为 r_0,初始传播方向为 θ_0,则光线在系统内第 m 个周期的离轴距离 r_m 和传播方向 θ_m 为:

$$\begin{bmatrix} r_m \\ \theta_m \end{bmatrix} = T^m \begin{bmatrix} r_0 \\ \theta_0 \end{bmatrix} = \begin{bmatrix} A & B \\ C & D \end{bmatrix}^m \begin{bmatrix} r_0 \\ \theta_0 \end{bmatrix} \qquad (3.40)$$

式(3.30)可改写为:

$$r_{m+1} = Ar_m + B\theta_m \qquad (3.41)$$

$$\theta_{m+1} = Cr_m + D\theta_m \tag{3.42}$$

将式(3.41)中的 m 替换为 m + 1 并经过一定的变换可以得到:

$$\theta_{m+1} = \frac{r_{m+2} - Ar_{m+1}}{B} \tag{3.43}$$

将式(3.41)和式(3.42)代入式(3.43)可以得到:

$$r_{m+2} = 2br_{m+1} - F^2 r_m \tag{3.44}$$

其中参数 b 和 F 分别为:

$$b = \frac{A + D}{2} \quad F^2 = AD - BC \tag{3.45}$$

可以看出式(3.44)为一线性差分方程,不妨设其解为:

$$r_m = r_0 h^m \tag{3.46}$$

其中 h 为常数。将式(3.46)代入式(3.44)可得:

$$h^2 - 2bh + F^2 = 0 \tag{3.47}$$

对上式进行求解可得:

$$h = b \pm j \sqrt{F^2 - b^2} \tag{3.48}$$

定义参数 φ:

$$\varphi = \arccos(b/F) \tag{3.49}$$

此时式(3.48)可写为:

$$h = F(\cos\varphi \pm j\sin\varphi) = F\exp(\pm j\varphi) \tag{3.50}$$

因此,式(3.46)可变为:

$$r_m = r_0 F^m \exp(\pm jm\varphi) \tag{3.51}$$

式(3.51)即为式(3.44)的两个特解。由于方程的通解可由方程两个线性无关的特解线性组合而成,因此,式(3.44)的通解可写为:

$$r_m = r_k F^m \sin(m\varphi + \varphi_0) \tag{3.52}$$

其中 r_k 和 φ_0 由光线的初始离轴距离 r_0 决定,$r_k = r_0 / \sin\varphi_0$。

参量 F 的取值(即光线变换矩阵行列式的平方根)仅和光线初始和最终位

置处的介质折射率 n_1 和 n_2 有关,且 $F^2 = n_1 / n_2$。对于放置在气相环境中的光学谐振腔,可近似认为介质折射率 $n_1 = n_2 \approx 1$,即 $F = 1$。此时式(3.52)可改写为:

$$r_m = r_k \sin(m\varphi + \varphi_0) \qquad (3.53)$$

其中 $\varphi = \cos^{-1}(b)$。

为使射入周期光学系统的光线一直保持在该系统中传播,r_m 需为有界函数,因此 φ 需为实数,即:

$$-1 \leqslant \frac{A + D}{2} \leqslant 1 \qquad (3.54)$$

将光学谐振腔一个周期的光线变换矩阵的参数代入式(3.54)中,可得光学谐振腔的光学稳定条件为:

$$-1 \leqslant \left(1 - \frac{L}{R_{c1}}\right)\left(1 - \frac{L}{R_{c2}}\right) \leqslant 1 \qquad (3.55)$$

当光学谐振腔的腔长与反射镜的曲率半径满足光学稳定条件时,光线在光学谐振腔内反射任意次也不会溢出腔外,为腔内激光强度提升提供了基础。

3)光学谐振腔的谐振条件

当光学谐振腔满足光学稳定条件时,入射激光可在腔内无限次反射,进而腔内将产生多光束干涉。为使腔内的多光束干涉为相长干涉(即谐振),光学谐振腔需满足谐振条件。由光纤构成的光学谐振腔可等效为由反射镜构成的光学谐振腔,如图3.22所示。

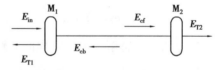

图3.22　光学谐振腔内激光的电矢量

假设入射光角频率为 ω,电场振幅为 A,波长为 λ,波矢量大小为 $k = 2\pi / \lambda$,且 M_1 处 $z = 0$。反射镜 M_1、M_2 对激光的反射率分别为 R_1、R_2,对激光的透射

率分别为 T_1、T_2。如图 3.22 所示,谐振腔长度(M_1 至 M_2 的距离)为 L,入射光从 M_1 入射进入谐振腔。

入射光电矢量 $\boldsymbol{E}$ 和磁感应强度 $\boldsymbol{B}$ 的标量形式可写为(假设 $z = 0$ 处的初相位为 0):

$$\boldsymbol{E} = A \cos(kz - \omega t) \tag{3.56}$$

$$\boldsymbol{B} = \sqrt{\mu\varepsilon} A \cos(kz - \omega t) \tag{3.57}$$

其中 ε 和 μ 为光传播介质的介电常数和磁导率;$\boldsymbol{E}$ 和 $\boldsymbol{B}$ 的方向相互垂直。根据式(3.56)和式(3.57),入射光的能流密度 $\boldsymbol{S}$ 为:

$$\boldsymbol{S} = \frac{1}{\mu}\boldsymbol{E} \times \boldsymbol{B} = c\varepsilon A^2 \cos^2(kz - \omega t) = c\varepsilon E^2 \tag{3.58}$$

其中 c 为介质中的光速。因此,入射光的强度 I_{in} 可写为:

$$I_{in} = \frac{\int_0^\lambda \int_0^{\frac{\lambda}{c}} c\varepsilon E^2 \mathrm{d}t\mathrm{d}z}{\lambda^2/c} = \frac{1}{2}c\varepsilon A^2 \tag{3.59}$$

为方便计算,简谐波的波函数也可表示为复指数函数取实部的形式。因此,式(3.56)和式(3.57)也可改写为:

$$\boldsymbol{E} = A \cos(kz - \omega t) = A\mathrm{e}^{i(kz-\omega t)} \tag{3.60}$$

$$\boldsymbol{B} = \sqrt{\mu\varepsilon} A \cos(kz - \omega t) = \sqrt{\mu\varepsilon} A\mathrm{e}^{i(kz-\omega t)} \tag{3.61}$$

由式可以看出,计算光强只需计算其电矢量即可。因此本章计算谐振腔输出激光、谐振腔腔内激光强度时,只计算其电场函数。

对谐振腔内任一点 z,在该点处腔内正行波的电矢量 $\boldsymbol{E}_{cf}$ 为:

$$\boldsymbol{E}_{cf} = A \sqrt{T_1}\mathrm{e}^{i(kz-\omega t)} + A \sqrt{T_1}\sqrt{R_1 R_2} \mathrm{e}^{-i\omega 2L/c}\mathrm{e}^{i(kz-\omega t)} \mathrm{e}^{i2\pi} + \cdots \tag{3.62}$$

经计算可得:

$$E_{cf} = \frac{\sqrt{T_1}}{1 - \sqrt{R_1 R_2}\,\mathrm{e}^{-i\omega 2L/c}} A\mathrm{e}^{i(kz-\omega t)} \tag{3.63}$$

同理,该点处腔内反行波的电矢量 $\boldsymbol{E}_{cb}$ 为:

$$E_{cb} = \frac{\sqrt{R_1}\sqrt{T_1}}{1 - \sqrt{R_1 R_2}\,e^{-i\omega 2L/c}}Ae^{i(kz+\omega t+\pi)} \tag{3.64}$$

则该点附近一个光波周期内的平均光强 I_c 为:

$$I_c = \frac{c\varepsilon \int_0^\lambda \int_0^{\frac{\lambda}{c}} (E_{cf} + E_{cb})^2 \mathrm{d}t\mathrm{d}z}{\lambda^2/c} \tag{3.65}$$

经计算可得,在臂 1 中,一个周期内的平均激光的强度为:

$$I_c = \frac{(1 + R_2)(1 - R_1)}{(1 - \sqrt{R_1 R_2})^2 + 4\sqrt{R_1 R_2}\,\sin^2(-\omega L/c)}I_{in} \tag{3.66}$$

为使 I_c 达到最大值,式(3.66)需满足:

$$\sin^2(-\omega L/c) = 0 \tag{3.67}$$

根据式(3.67)计算可得:

$$L = q\frac{\lambda}{2} \tag{3.68}$$

其中 q 为一正整数。

式(3.68)即为谐振腔的谐振条件。当谐振腔满足谐振条件时,腔内激光的强度可表示为:

$$I_c = \frac{(1 + R_2)(1 - R_1)}{(1 - \sqrt{R_1 R_2})^2}I_{in} \tag{3.69}$$

由式(3.69)可知,光学谐振腔内部的激光可通过多光束干涉的方式使其强度大幅提高。例如当 $R_1 = R_2 = 0.999$ 时,光学谐振腔内激光强度最高可提升 2 000 倍。

3.2.3.3　光学谐振腔的频率锁定技术

当腔长与激光波长恰好满足谐振条件时,光学谐振腔内的激光强度才会出现较大的增强(即谐振)。然而,光学谐振腔易受机械波(声波、振动等)、温度变化等因素的影响,其腔长在纳米尺度上极难保持稳定。因此,光学谐振腔必

须结合适当的频率锁定方法,使谐振腔腔长与激光波长保持匹配。目前常用的
频率锁定方法包括 PDH 频率锁定技术和光反馈频率锁定技术。

1) PDH 频率锁定技术

PDH 频率锁定技术[50-58]是 20 世纪 80 年代初由 Drever 和 Hall 实现的激光
频率锁定技术,他们利用光学谐振腔的腔模频率为参考频率,将激光频率锁定
在腔模频率上,获得了线宽小于 100 Hz 的频率锁定激光,之后人们一般将这种
方法称为 Pound-Drever-Hall 技术。这种频率锁定技术与 Pound 在 1946 年基于
微波谐振腔开发的微波频率锁定技术有许多相似之处,因此命名时加上了
Pound。

该技术的构造如图 3.23 所示:首先通过电光调制器将频率为 ν_{pdh} 的射频信
号加在线偏振激光上,对其进行相位调制,经过调制后的激光在频谱上由一个
载波和一对幅值相等、相位相反的边带构成,调制后的激光两次通过四分之一
波片,偏振方向与入射方向完全相反,因此谐振腔(一般为 FP 腔)的腔前反射激
光会通过 PBS 反射到光电探测器上。将移相后的射频信号与光电探测器的检
测信号进行混频和低通滤波,ω_{pdh} 作为参考信号对后者进行解调并获得误差信
号,误差信号通过比例积分微分电路后被送入伺服反馈系统,通过控制激光器
内腔的腔长来调整激光的频率,使激光频率和腔模频率一直吻合。

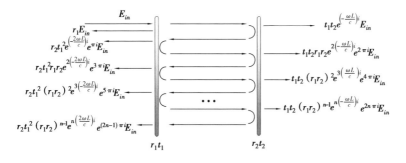

图 3.23　FP 腔的激光传播示意图

实际上,PDH 频率锁定技术中最重要的就是误差信号的获取,图 3.23 可以
用来描述 FP 腔的激光传播情况,假设两块反射镜的反射率和透射率分别为 r_1、

t_1、r_2、t_2，入射激光为 E_{in}，反射光与透射光的电场函数为等差数列各项相加，其中 ω 为激光频率，c 为光速，L 为腔长：

$$E_{ref} = r_1 E_{in} + E_{in} r_2 t_1^2 e^{\left(-\frac{2\omega L}{c}\right)i} e^{\pi i} + E_{in} r_2 t_1^2 r_1 r_2 e^{2\left(-\frac{2\omega L}{c}\right)i} e^{3\pi i} +$$

$$E_{in} r_2 t_1^2 (r_1 r_2)^2 e^{3\left(-\frac{2\omega L}{c}\right)i} e^{5\pi i} + L$$

$$= r_1 E_{in} + \sum_{n=1}^{\infty} E_{in} r_2 t_1^2 (r_1 r_2)^{n-1} e^{n\left(-\frac{2\omega L}{c}\right)i} e^{(2n-1)\pi i} \qquad (3.70)$$

$$= \left(r_1 - \frac{r_2 t_1^2 e^{\left(-\frac{2\omega L}{c}\right)i}}{1 - r_1 r_2 e^{\left(-\frac{2\omega L}{c}\right)i}}\right) E_{in}$$

$$E_{tra} = t_1 t_2 e^{\left(-\frac{\omega L}{c}\right)i} E_{in} + t_1 t_2 r_1 r_2 e^{3\left(-\frac{\omega L}{c}\right)i} e^{2\pi i} E_{in} +$$

$$t_1 t_2 (r_1 r_2)^2 e^{5\left(-\frac{\omega L}{c}\right)i} e^{4\pi i} E_{in} + L$$

$$= \sum_{n=1}^{\infty} t_1 t_2 (r_1 r_2)^{n-1} e^{(2n-1)\left(-\frac{\omega L}{c}\right)i} e^{2n\pi i} E_{in} \qquad (3.71)$$

$$= \left(\frac{t_1 t_2 e^{\left(-\frac{\omega L}{c}\right)i}}{1 - r_1 r_2 e^{\left(-\frac{2\omega L}{c}\right)i}}\right) E_{in}$$

反射光和透射光的光强可以通过他们的电场函数计算出来：

$$I_{ref} = |E_{ref}|^2 = \frac{(r_1 - r_2)^2 + 4r_1 r_2 \sin^2\left(\frac{\omega L}{c}\right)}{(1 - r_1 r_2)^2 + 4r_1 r_2 \sin^2\left(\frac{\omega L}{c}\right)} I_{in} \qquad (3.72)$$

$$I_{tra} = |E_{tra}|^2 = \frac{t_1^2 t_2^2}{(1 - r_1 r_2)^2 + 4r_1 r_2 \sin^2\left(\frac{\omega L}{c}\right)} I_{in} \qquad (3.73)$$

图 3.24 为 FP 腔的透射光强和反射光强随激光频率的变化图，可以看到当激光频率扫描到腔模频率时，透射光强最大，反射光强最小，激光频率的小变化将在透射光强或反射光强上产生成比例的变化。实际上，可以通过测量这个小变化产生误差信号来反馈控制激光器频率，使透射光强或反射光强保持不变，从而达到频率锁定的效果，这是 PDH 技术出现以前常用的锁频方法。然而选

取最大值作为标准值时,发生变化后的激光强度都比最大值要小,所以这种情况下无法判断调节的方向,使用该方法时,只能选取一个较强的激光强度作为标准值,并没有达到最佳的增强效果。

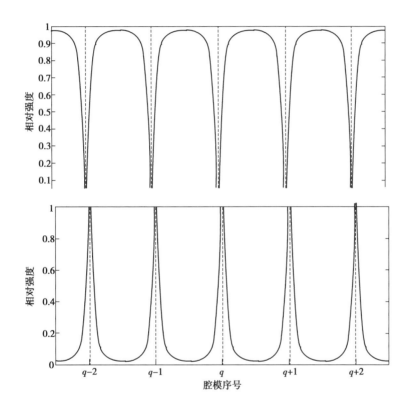

图 3.24　FP 腔的透射光强和反射光强随激光频率的变化图

通过观察图 3.24 可以发现,当透射光强或反射光强的导数为 0 时,激光频率被锁定在腔模频率。画出反射光强的导数函数如图 3.25 所示,还可以发现其是反对称的,很适合作为误差信号。

然而要获得类似图 3.25 中的导数信号,需要对 FP 腔的反射光强进行扫频,这与我们频率锁定这个概念是矛盾的,在实际操作中无法做到既通过扫频来获得误差信号,又将激光器频率锁定在某一个腔模上。

但是,FP 腔反射光的电场函数的虚部,也就是其相位信息,和反射光强的导数信号性质相同,如图 3.26 所示。

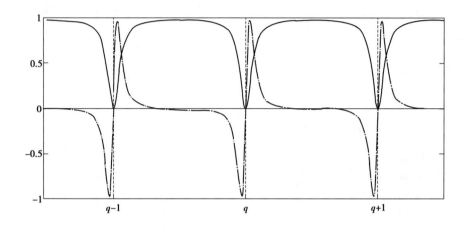

图 3.25 反射光强和其导数随激光频率的变化图,
其中实线和点划线分别代表反射光强和其导数

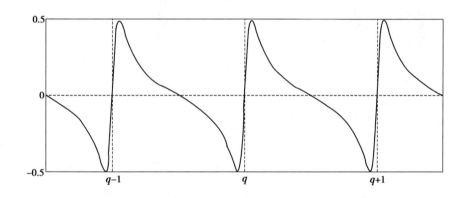

图 3.26 反射光电场函数虚部随激光频率的变化图

实际上,FP 腔的反射光可以理解为两个部分,其中一部分被第一块腔镜直接反射,这一部分是不变的,且没有虚部量;另一部分从第一块腔镜透射出去的腔内激光被第二块腔镜反射,这一部分会随着激光器频率变化而变化,当激光器频率与腔模频率相同时,反射光中可变的部分虚部为 0,仅有实部量且与反射光中不变的部分完全异相,两者抵消,反射光电场函数实部为 0,且反射光强度也为 0。也就是说当激光频率等于腔模频率时,反射光的电场函数的虚部为 0,而且由图 3.26 可以看出,通过判断虚部的正负,可以判断出激光频率是低于腔模频率还是高于腔模频率,所以反射光电场函数的虚部可以用来作为误差信号,因此我们需要测量反射光的相位。

但是目前还没有可以直接测量电场波函数的电子设备,也就是说无法直接测量反射光的相位,PDH 技术提供了一种间接测量相位的方法,该方法与在 TDLAS 中(可调谐二极管激光吸收光谱)应用广泛的 FMS(频率调制光谱)技术的原理类似,当 FP 腔的入射光频率偏移腔模频率时,反射光的强度和相位都会发生改变,而且这个变化是确定的,通过为入射光进行相位调制,加上一定间隔的边带,这部分边带所对应的反射光相位会发生对应的偏移,此时 FP 腔的反射光相当于是不同频率入射光对应反射光的总和,边带相当于有效地设定了一个相位标准,通过它我们可以获得反射光的相位。

以 FP 腔为例,说明一下 PDH 误差信号是如何获得的。假设两块腔镜反射率都为 R,则未经相位调制的腔前反射激光光场可以表示为:

$$E_{\text{ref}} = E_{\text{in}} \frac{\sqrt{R} - \sqrt{R}\,\mathrm{e}^{\left(-\frac{2\omega L}{c}\right)\mathrm{i}}}{1 - R\mathrm{e}^{\left(-\frac{2\omega L}{c}\right)\mathrm{i}}} \qquad (3.74)$$

激光的电场函数为:

$$E_0 = A\mathrm{e}^{(kz - \omega t)\,\mathrm{i}} \qquad (3.75)$$

在腔外随意选择一点作为电场的观测点,随着时间观测电场。假设时间 t 激光入射到谐振腔内,此时入射光的电场函数可以表示为:

$$E_{\text{in}} = E_0 \mathrm{e}^{-\omega t \mathrm{i}} \qquad (3.76)$$

则腔前反射光电场函数可以写为:

$$E_{\text{ref}} = E_0 \mathrm{e}^{-\omega t \mathrm{i}} \frac{\sqrt{R} - \sqrt{R}\,\mathrm{e}^{\left(-\frac{2\omega L}{c}\right)\mathrm{i}}}{1 - R\mathrm{e}^{\left(-\frac{2\omega L}{c}\right)\mathrm{i}}} \qquad (3.77)$$

经过射频信号调制,频率为 ω_0 激光信号被加上一对幅值相等、相位相反、频

率为 $\pm\omega_{pdh}$ 的边带后,因此在通过电光调制器后,激光电场函数可以展开为:

$$E_{in} = J_0(\beta)E_0 e^{-\omega ti} + J_1(\beta)E_0 e^{-(\omega+\omega_m)ti} - J_{-1}(\beta)E_0 e^{-(\omega-\omega_m)ti} \quad (3.78)$$

我们可以将腔前反射激光随入射激光变化的耦合函数表示为:

$$F(\omega) = \frac{E_{ref}}{E_{in}} = \frac{\sqrt{R} - \sqrt{R}e^{(-\frac{2\omega L}{c})i}}{1 - Re^{(-\frac{2\omega L}{c})i}} \quad (3.79)$$

通过计算,耦合函数可以写为实部加虚部的形式:

$$F(\omega) = \frac{\sqrt{R}(1+R)\left[1 - \cos\left(-\frac{2\omega L}{c}\right)\right]}{1 + R^2 - 2R\cos\left(-\frac{2\omega L}{c}\right)} + \frac{\sqrt{R}(R-1)\sin\left(-\frac{2\omega L}{c}\right)}{1 + R^2 - 2R\cos\left(-\frac{2\omega L}{c}\right)}i$$

$$(3.80)$$

为了方便计算,我们可以将右边表示为实部加虚部的表达形式,改写为:

$$F(\omega) = \Delta_0 + \Phi_0 i \quad (3.81)$$

其中:

$$\Delta_0 = \frac{\sqrt{R}(1+R)\left[1 - \cos\left(-\frac{2\omega L}{c}\right)\right]}{1 + R^2 - 2R\cos\left(-\frac{2\omega L}{c}\right)} \quad (3.82)$$

$$\Phi_0 = \frac{\sqrt{R}(R-1)\sin\left(-\frac{2\omega L}{c}\right)}{1 + R^2 - 2R\cos\left(-\frac{2\omega L}{c}\right)} \quad (3.83)$$

对于调制后 E_{in} 的边带部分,也可以写出其耦合函数为:

$$F(\omega + \omega_m) = \Delta_1 + \Phi_1 i \quad (3.84)$$

$$F(\omega - \omega_m) = \Delta_{-1} + \Phi_{-1} i \quad (3.85)$$

那么调制后的腔前反射激光的信号可以认为是三个频率不同的部分(一个载波和两个边带)之和,可以写为:

$$E_{ref} = F(\omega)E_{in}(\omega) + E_{in}(\omega + \omega_m)F(\omega + \omega_m) - E_{in}(\omega - \omega_m)F(\omega - \omega_m)$$

$$(3.86)$$

将 E_{in} 展开为式(3.78)的形式,腔前反射信号表示为:

$$
\begin{aligned}
E_{ref} &= J_0(\beta)F(\omega)E_0 e^{-\omega ti} + J_1(\beta)F(\omega+\omega_m)E_0 e^{-(\omega+\omega_m)ti} - \\
&\quad J_{-1}(\beta)F(\omega-\omega_m)E_0 e^{-(\omega-\omega_m)ti} \\
&= E_0 e^{-\omega ti}[J_0(\beta)F(\omega) + F(\omega+\omega_m)e^{-\omega_m ti} - F(\omega-\omega_m)e^{\omega_m ti}]
\end{aligned}
$$
(3.87)

实际上我们使用光电探测器进行探测,所探测的量是光强,经过计算,反射光强可以表示为:

$$
\begin{aligned}
I_{ref} &= |E_{ref}|^2 \\
&= I_0 J_0^2(\beta)|F(\omega)|^2 + I_0 J_1^2(\beta)|F(\omega+\omega_m)|^2 \\
&\quad - I_0 J_1^2(\beta)|F(\omega-\omega_m)|^2 + \\
&\quad 2I_0 J_0(\beta)J_1(\beta)\text{Re}\left[\begin{array}{c} F(\omega)F*(\omega+\omega_m)e^{\omega_m ti} - \\ F*(\omega)F(\omega-\omega_m)e^{-\omega_m ti} \end{array}\right] \\
&\quad - 2I_0 J_1^2(\beta)\text{Re}[F(\omega+\omega_m)F*(\omega-\omega_m)e^{-2\omega_m ti}]
\end{aligned}
$$
(3.88)

分析上面的公式,没有 ω_m 项的分量(第一行),没有相位信息,对分析信号是无用的;$2\omega_m$ 项的分量具有的相位分量是属于边带的,没有载波的相位信号,也是无用的;ω_m 项的分量,相位分量是属于载波和边带的,将其提取可以得到相位信息,将耦合函数式(3.84)和式(3.85)代入 ω_m 项的分量,并将其从式中单独提取出来可以得到:

$$
\begin{aligned}
Z\omega_m &= 2I_0 J_0(\beta)J_1(\beta)\text{Re}[F(\omega)F*(\omega+\omega_m)e^{\omega_m ti} - \\
&\quad F(\omega)F*(\omega-\omega_m)e^{-\omega_m ti}] \\
&= 2I_0 J_0(\beta)J_1(\beta)\text{Re}[(\Delta_0+\Phi_0 i)(\Delta_1-\Phi_1 i)e^{\omega_m ti} - \\
&\quad (\Delta_0+\Phi_0 i)(\Delta_{-1}-\Phi_{-1} i)e^{-\omega_m ti}]
\end{aligned}
$$
(3.89)

使用欧拉公式并进行整理后得到:

$$
\begin{aligned}
Z\omega_m &= I_0 J_0(\beta) J_1(\beta) \operatorname{Re}\big[F(\omega) F * (\omega + \omega_m) - \\
&\quad F * (\omega) F(\omega - \omega_m) \big] \cos \omega_m t - I_0 J_0(\beta) J_1(\beta) \operatorname{Im} \\
&\quad \big[F(\omega) F * (\omega + \omega_m) - F * (\omega) F(\omega - \omega_m) \big] \sin \omega_m t \quad (3.90) \\
&= 2 I_0 J_0(\beta) J_1(\beta) \big[\Delta_0 (\Delta_1 - \Delta_{-1}) + \Phi_0 (\Phi_1 - \Phi_{-1}) \big] \\
&\quad \cos \omega_m t + \big[\Delta_0 (\Phi_1 + \Phi_{-1}) - \Phi_0 (\Delta_1 + \Delta_{-1}) \big] \sin \omega_m t
\end{aligned}
$$

很显然,通过提取 ω_m 项分量,我们可以获得载波与边带的相位信息,而且余弦项与正弦项也包含不同的分量,需要单独进行提取,这就要靠混频器和滤波器来实现。

$Z\omega_m$ 经过混频器,与频率为 ω_m 的参考信号混频:

$$
\begin{aligned}
Z_{\omega_m} &\sin(\omega_m t + \theta_m) \\
&= I_0 J_0(\beta) J_1(\beta) \big[\Delta_0 (\Delta_1 - \Delta_{-1}) + \\
&\quad \Phi_0 (\Phi_1 - \Phi_{-1}) \big] \big[\sin \theta_m + \sin(2\omega_m t + \theta_m) \big] + \quad (3.91) \\
&\quad I_0 J_0(\beta) J_1(\beta) \big[\Delta_0 (\Phi_1 + \Phi_{-1}) - \Phi_0 (\Delta_1 + \Delta_{-1}) \big] \\
&\quad \big[\cos \theta_m - \cos(2\omega_m t + \theta_m) \big]
\end{aligned}
$$

通过低通滤波器后滤除高频信号:

$$
\begin{aligned}
S\omega_m &= I_0 J_0(\beta) J_1(\beta) \big[\Delta_0 (\Delta_1 - \Delta_{-1}) + \\
&\quad \Phi_0 (\Phi_1 - \Phi_{-1}) \big] \sin \theta_m + I_0 J_0(\beta) J_1(\beta) \quad (3.92) \\
&\quad \big[\Delta_0 (\Phi_1 + \Phi_{-1}) - \Phi_0 (\Delta_1 + \Delta_{-1}) \big] \cos \theta_m
\end{aligned}
$$

这就是 PDH 频率锁定系统中没有估算的精确误差信号,在上式中的 θ_m 为参考信号的相位,可以通过调节移相器使 sin 项和 cos 项的比例变化,而且参考信号分为高频与低频两种,可以得到四种鉴频曲线。

低频(ω_m 小于谐振腔线宽)调制下误差信号的 cos 项,如图 3.27 所示。

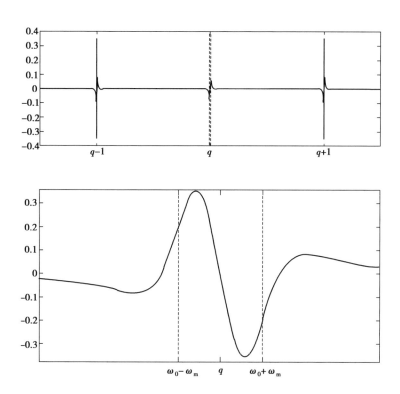

图 3.27　低频(ω_m 小于谐振腔线宽)调制下误差信号的 cos 项

在这种情况下,正负 ω_m 的边带频率处的值没有任何特殊性,没有太大的参考价值,因此不会用其作为鉴频曲线。

低频(ω_m 小于谐振腔线宽)调制下误差信号的 sin 项,如图 3.28 所示。

该曲线呈反对称性,且两个边带处于极大值位置,具有参考意义,边带可以作为频率标准,因此,在低频调制下,式(3.92)的 sin 项可以作为误差信号。

高频(ω_m 大于谐振腔线宽)调制下误差信号的 sin 项,如图 3.29 所示。

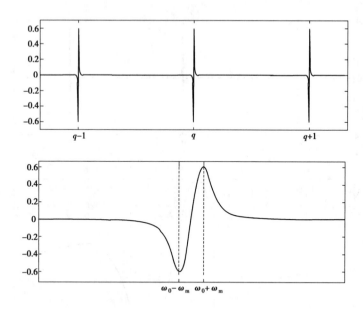

图 3.28　低频(ω_{m} 小于谐振腔线宽)调制下误差信号的 sin 项

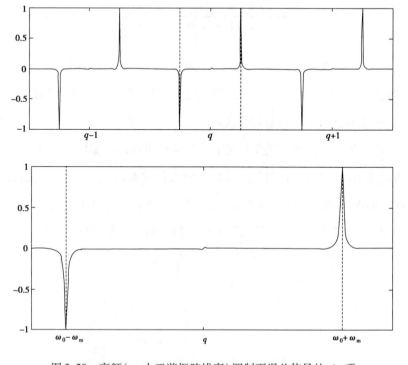

图 3.29　高频(ω_{m} 大于谐振腔线宽)调制下误差信号的 sin 项

观察鉴频曲线可以明显看出来,在 $\omega_0 - \omega_m$ 到 $\omega_0 + \omega_m$ 间,除了在第 q 个腔模频率处为 0 外,前后各有两段在很大的范围内也为 0,因此该曲线无法作为鉴频曲线。

高频(ω_m 大于谐振腔线宽)调制下误差信号的 cos 项,如图 3.30 所示。

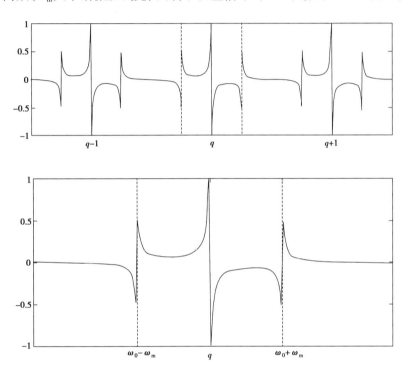

图 3.30　高频(ω_m 大于谐振腔线宽)调制下误差信号的 cos 项

可以看出来,该鉴频曲线是反对称的,在 $\omega_0 - \omega_m$ 到 $\omega_0 + \omega_m$ 间仅有 q 处为 0,且两个边带处误差信号也为 0,边带频率可以作为频率参考,因此该曲线作为鉴频曲线是十分适合的。

由于低频调制的频率边带与腔模频率十分接近,在小范围内根据误差信号控制激光器频率难度更大,因此现在更为常用的是高频调制,图 3.29 中的曲线就是现在最常见的 PDH 误差鉴频曲线。

激光器线宽小于腔模线宽,是 PDH 频率锁定技术发挥作用的必要条件。如果激光器线宽大于腔模线宽,在扫描激光频率获得误差信号的时候,会有较宽的激光器频段与腔模频率相匹配,以此误差信号作为参考,将无法锁定激光频率达到最佳匹配效果时的中心频率,激光频率无法与腔模频率达到完美匹配,使谐振腔增强效果大打折扣。

如图 3.29 所示,鉴频曲线的有效区域为 $\omega_0 \pm \omega_m$,这个区域之外的误差信号都为 0。在 PDH 稳定系统工作时,如果激光频率相对于腔模频率的漂移在有效区域之内,PDH 系统可以根据鉴频曲线与获得的误差信号确定调节方向与调节量。然而如果存在剧烈的外界振动,激光频率相对于腔模频率的漂移可能会突然处于鉴频曲线的有效区域之外,此时误差信号均为 0,PDH 系统无法输出调节信号而失效,且无法自行恢复。因此,PDH 系统的使用条件受到一定的限制,无法在有剧烈振动的环境中发挥作用。

2)光反馈频率锁定技术

PDH 频率锁定方法是主动频率锁定方法,可以概括为:将激光频率与参考标准频率(光学谐振腔腔模频率)进行比较,得到激光频率偏离频率参考标准的误差信号,通过伺服控制系统和执行单元调整激光器输出频率,使激光频率锁定在频率参考标准上,从而获得频率稳定的激光。

与 PDH 频率锁定技术不同,光反馈频率锁定[59-64]是一种基于半导体激光器注入锁定原理[65-70]的被动锁频方法。注入锁定是指用一个低功率、窄线宽的激光器(主激光器)作为种子激光注入到高功率、宽线宽的激光器(从激光器)中,在一定条件下,从激光器就可以在注入光频率处建立起稳定振荡,其自由运转模式则被抑制,从而复制主激光器的频率特性。高精细度的光学谐振腔腔模线宽一般很窄,如果可以将从光学谐振腔内输出的激光重新注入激光器,在一定条件下,激光器会复制光学谐振腔的频率特性,也就是说激光器的输出频率会被锁定在光学谐振腔腔模频率上,达到稳定激光器频率的效果,同时激光器输出激光的线宽被压窄。

光反馈频率锁定的过程为:首先激光器发出的激光被耦合到光学谐振腔内,当激光频率与腔模频率发生重叠时,与腔模频率对应的激光会在光学谐振腔内发生相长干涉,光学谐振腔内可以建立起足够的激光功率,这样就可以产生足够的种子激光引发注入锁定效应。接下来,将从光学谐振腔输出的腔内激光重新返回激光器,此时光学谐振腔可以被视为主激光器,它将会把自己的频率特性复制给激光器,使激光器的频率锁定在腔模频率上,并压窄其线宽。最终,在注入锁定完成之后,激光器将会一直发出与腔模频率相匹配,且线宽更窄的激光。光学谐振腔内多次反射的激光之间可以一直形成相长干涉,腔内将会建立起巨大的激光功率。基于外部谐振腔的光反馈频率锁定过程如图 3.31 所示。

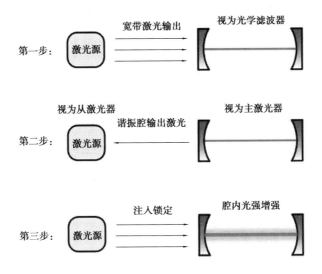

图 3.31　基于外部谐振腔的光反馈频率锁定过程示意图

　　在利用光学谐振腔进行光反馈频率锁定时需要防止除了腔内出射激光之外的其他干扰光反馈回到激光器(其他返回激光器的激光同样也会引起注入锁定效应)导致误锁定现象,激光器无法正确锁定在腔模频率上。在实验中,可以发现当腔前反射镜直接反射的激光在 FP 腔设置中,最大的误锁定来源就是第一块腔镜的直接反射光,可通过 V 型谐振腔设置来防止直接反射光造成的误锁定,V 型腔结构如图 3.32 所示。

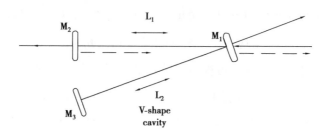

图 3.32　V 型腔结构示意图

V 型腔由 M_1、M_2、M_3 构成。M_2 与 M_3 为凹面反射镜，M_1 为平面反射镜，实际上它可以被视为将一个 FP 腔用一个平面镜给折叠起来。激光在进入 V 型腔之后，按照 $M_1 \to M_2 \to M_1 \to M_3 \to M_1$ 这样的顺序在腔内来回多次反射。腔内激光由 M_2 反射回到激光器，反馈光在图中用虚线表示。可以看到直接反射光呈现一定角度偏离光轴被反射，无法直接回到激光器中，从而可以消除误锁定现象。

光反馈频率锁定的关键就是在光学谐振腔的光反馈下，改变激光器运行模式，导致激光器输出频率发生改变。激光器耦合频率 ω_c（激光器有反馈光的实际输出频率）随激光器自由运转频率 ω_f（激光器没有反馈光的输出频率）而变化的规律可以用一个隐函数表示：

$$\omega_f = \omega_c + \sqrt{k_f(1 + \alpha^2)} \, .$$

$$\frac{c}{2n_0 l_{DL}} \frac{F_c}{2F_{DL}} \frac{\sin\left[\dfrac{2\omega_c}{c}(L_0 + L_1) + \theta\right] - R^2 \sin\left[\dfrac{2\omega_c}{c}(L_0 - L_2) + \theta\right]}{1 + (2F_c/\pi)^2 \sin^2\left[\dfrac{\omega_c}{c}(L_1 + L_2)\right]}$$

$$(3.93)$$

其中 L_0 为激光器到 CM_3 的距离；L_1 为腔臂 1 的长度（M_1 到 M_2）；L_2 为腔臂 2（M_1 到 M_3）的长度；k_f 为反馈效率；α 为半导体激光器的线宽增益因子；c 为光速；n_0 为半导体激光器的光学介质折射率；l_{DL} 为半导体激光器的腔长；F_{DL} 为激光内腔的精细度；$\theta = \arctan \alpha$，是决定最佳反馈相位的重要参数；R 为镜片反射率，在这里假设两块凹面镜反射率相同；F_c 为 V 型 ω 谐振腔的精细度，F_{DL} 和 F_c 可以写为：

$$F_c = \frac{\pi \sqrt{R}}{1 - R} \qquad (3.94)$$

$$F_{LD} = \frac{\pi \sqrt{R_{LD}}}{1 - R_{LD}} \tag{3.95}$$

当反射镜,激光器等系统硬件确定之后,式中很多参数变为常数。为了方便,可以将式中的常数写在一起,表示为 A:

$$A = \sqrt{1 + \alpha^2} \frac{c}{2n_0 l_{DL}} \frac{F_c}{2F_{DL}} \tag{3.96}$$

式(3.93)可以改写为更简洁的形式:

$$\omega_f = \omega_c + \sqrt{k_f} A \frac{\sin\left[\frac{2\omega_c}{c}(L_0 + L_1) + \theta\right] - R^2 \sin\left[\frac{2\omega_c}{c}(L_0 - L_2) + \theta\right]}{1 + (2F_c/\pi)^2 \sin^2\left[\frac{\omega_c}{c}(L_1 + L_2)\right]} \tag{3.97}$$

通过调节激光器到腔的距离 L_0,使得:

$$L_0 = L_2 + (L_1 + L_2)\left(\frac{m}{n} - \frac{\theta}{2\pi n}\right) \tag{3.98}$$

满足式(3.98)中的条件时,假设激光器耦合频率等于第 n 个腔模频率,也就是:

$$\omega_c = \omega_n - n\pi c/(L_1 + L_2) \tag{3.99}$$

将式(3.98)和式(3.99)代入式(3.97),可以得到 $\omega_c = \omega_f$,在这一点,激光器自由运转频率、激光器耦合频率、腔模频率都相等,是完美的频率锁定点,但它是固定的一个点,因此被称为固态解。当 ω_f 在腔模频率附近调制时,可以画出激光器耦合频率 ω_c(激光器最终输出频率)随激光器自由运转频率 ω_f 的变化图,如图 3.33(a)所示。当扫描激光频率接近腔模频率(从 a 至 b)时,耦合频率向上跳变(从 b 至 c),跳频后进入频率锁定范围(从 c 至 d)。在这个范围内,随着自由运转频率的变化,耦合频率将非常接近腔模频率,可以认为激光器被锁定在腔模中。当激光器的自由运转频率继续偏离腔模频率时,激光器将离开频率锁定范围,频率锁定失效(从 d 至 e)。而从腔后镜片 M_2 处透射出的激光功率 I_{T1} 与入射到腔内的激光(在光反馈频率锁定中即激光器耦合频率)的频率满足:

$$I_{T1} = \frac{(1 - R_1)(1 - R_3)}{\left(1 - \sqrt{R_1 R_3^2 R_2}\right)^2 + 4\sqrt{R_1 R_3^2 R_2} \sin^2(-\omega_c L/c)} I_{in} \tag{3.100}$$

通过式(3.97)可以获得激光器自由运转频率 ω_f 与激光器耦合频率 ω_c 的关系,通过式(3.100)可以获得从腔后镜片 M_2 处透射出的激光功率 I_{T1} 与激光器耦合频率 ω_c 的关系,通过这两个公式,可以得到从腔后镜片 M_2 处透射出的激光功率随着激光器自由运转频率 ω_f 变化的关系图,如图 3.49(b)所示,这种腔后功率的变化图也被称为腔模图。

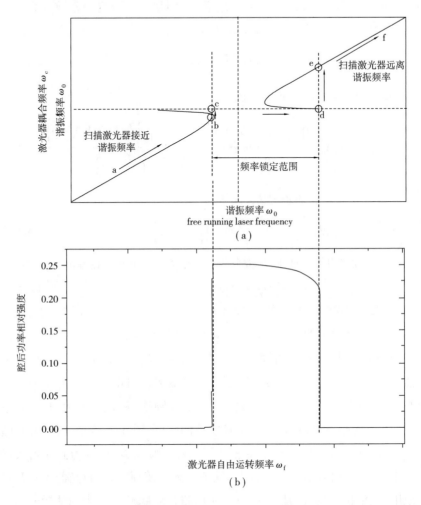

图 3.33　激光器耦合频率 ω_c 随激光器自由运转频率 ω_f 的变化图

　　反馈效率指的是反馈光与激光器输出激光之比,通过改变式(3.97)中的反馈效率 k_f,可以得到不同反馈效率下激光器耦合频率 ω_c 随激光器自由运转频率 ω_f 的变化规律,如图 3.34 所示。随着反馈效率 k_f 由 6×10^{-5} 逐渐增大到 5×10^{-4} 时,频率锁定范围逐渐增大。由此可以得出结论,反馈效率 k_f 影响的是光反馈频率锁定的频率锁定范围。

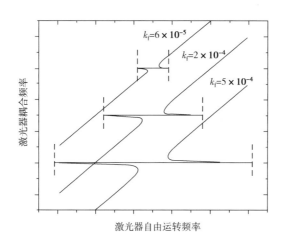

图 3.34　不同反馈效率下激光器耦合频率 ω_c 随激光器自由运转频率 ω_f 的变化图

当反馈效率太小时,频率锁定范围也随之变得极窄,谐振腔内仅能积聚极低的激光功率,反馈光强度也将变得极低,而强度极低的反馈光无法改变激光器运转模式。在这种情况下,无法形成频率锁定效果,谐振腔内无法发生稳定的相长干涉。

当反馈效率过大时,频率锁定范围随着变宽,出现频率锁定范围超出谐振腔自由光谱程的情况。在这种情况下,在跳频出频率锁定范围的过程会出现不确定性,因此会出现极为混乱的跳模,即在两个相邻谐振腔自由光谱程的频率锁定范围相互重叠的区域内不确定地来回跳动,如图 3.35 所示。

因此,需要仔细控制反馈效率,避免反馈效率太小或太大的情况。当反馈效率太小时,腔内功率极低,无法达到增强拉曼散射信号的效果;当反馈效率太大时,腔内激光的频率可能会在相邻的频率锁定范围之间来回跳模,腔内激光能量无法集中在单一频率,腔内激光激发气体产生的拉曼散射光也无法集中在单一频率,气体拉曼光谱会变得很宽,严重影响拉曼光谱的分辨率。将光反馈频率锁定腔增强技术用于拉曼光谱检测时,将反馈效率调整到频率锁定范围占谐振腔自由光谱程的 40% ~60% 是最适合的,如图 3.36 所示。

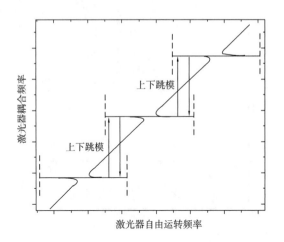

图 3.35　反馈效率过大时的跳模示意图

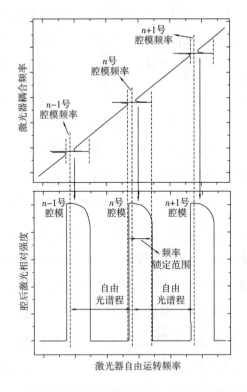

图 3.36　反馈效率合适时的频率锁定范围及其对应的腔模图

反馈相位是另一个会对光反馈频率锁定造成影响的重要参数。由式(3.97)可知,对于 V 型结构的谐振腔,反馈光的反馈相位由 L_0 与总腔长 $L_1 + L_2$ 决定,其中 L_0 为激光源到谐振腔腔镜的距离;L_1 为腔臂 1 的长度,L_2 为腔臂 2 的长度。当 L_0 与总腔长 $L_1 + L_2$ 之间的关系满足式(3.98)时,式(3.97)中的 sin 项才可以全部被消掉,激光器自由运转频率 ω_f 才会与激光器耦合频率 ω_c 相等,因此式(3.98)被称为最佳反馈相位条件。当 L_0 发生变化时,反馈相位也将发生相应变化,通过修改式中的 L_0,可以得到不同反馈相位下,激光器耦合频率 ω_c 随着激光器自由运转频率 ω_f 的变化关系图及腔模图,如图 3.37 所示。

PDH 频率锁定技术是主动频率锁定方法,可以概括为:将激光频率与参考标准频率(光学谐振腔腔模频率)进行比较,得到激光频率偏离频率参考标准的误差信号,通过伺服控制系统和执行单元调整激光器输出频率,使激光频率锁定在频率参考标准上,从而获得频率稳定的激光。

光反馈频率锁定技术是一种基于半导体激光器注入锁定原理的被动锁频方法,将光栅或外部谐振腔等器件作为频率标准器件,这些器件会对激光频率进行选择,并使选择后的激光重新反馈回到激光器,使激光器频率一直锁定在标准频率上,达到频率锁定的效果。

PDH 系统所需部件很多,电路部分较为冗杂。相比之下,光反馈频率锁定技术作为一种被动锁频技术,拥有更好的鲁棒性,受外界环境的影响更小;电路部分更加简单,不需要混频、解调等过程,系统整体更为简洁,人为设计的程序和参数设置等人为操控因素占比更少,更加适合于实际应用中。但 PDH 系统已经发展了一段时间,理论与技术体系相对成熟许多,目前已经有商用的 PDH 误差信号解调及控制模块,而光反馈频率锁定技术尚属研究阶段,还未应用于商业化场景,所以商业化应用的首选是 PDH 频率锁定系统。

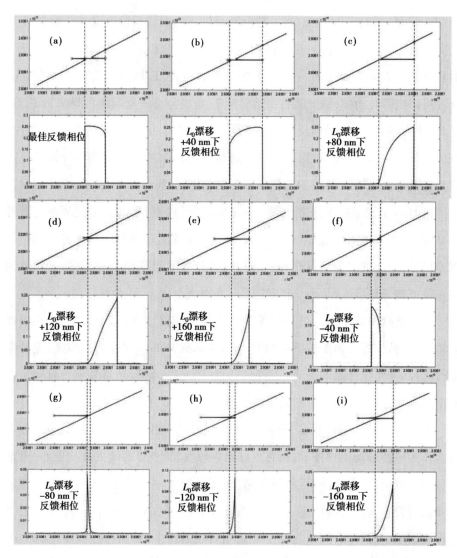

图 3.37　不同反馈相位下，激光器耦合频率 ω_c 随着激光器自由运转频率 ω_f 的
变化关系图及腔模图

通过分析，可以发现当反馈相位处于最佳值时，腔模的形状虽然接近对称，但不是完全对称的，当激光到腔的距离 L_0 逐渐发生漂移时，腔模也会发生对应变化，最主观的就是可以由形状上看出来其不对称度逐渐变大，腔后功率强度也会逐渐减小。当激光器到腔的距离变化半波长时，激光由激光器出射到返回

激光器的路程变化了一个波长,相位也完全一样,所以理论上 L_0 漂移对腔模造成的影响以半波长为周期。因此在模拟结果中,当 L_0 的漂移为 + 160 nm 时与漂移为 – 160 nm 的腔模是完全相同的。

在模拟的几个反馈相位中,当 L_0 的漂移为 – 80 nm 时,腔后激光功率最低,相对强度值仅为 0.04,与相对强度的理想值 0.25 相差极大,而且腔模线宽极窄。由此可得:反馈相位对腔内激光功率强度会造成很大影响,为了保持腔内功率强度一直处于一个较高的水平,需要调节反馈相位使其一直处于最佳值。此外,当 L_0 逐渐发生漂移时,腔模的不对称度也在发生相应变化,如图 3.37 所示。

当 L_0 的长度满足最佳反馈相位条件时,谐振腔的透射曲线(腔模)的形状接近对称;当 L_0 在正向漂移时,透射曲线呈现偏左的非对称,且偏离越远,非对称的程度越大;当 L_0 在负向漂移时,透射曲线呈现偏右的非对称,且偏离越远,非对称的程度越大。因此,可以用一个激光频率扫描周期内谐振腔透射曲线的对称度来计算 L_0 相对于最佳反馈相位条件的偏离方向与偏离大小,进而对 L_0 进行调节,使反馈相位达到最优值,即使腔内激光强度达到最大值。

在图 3.37 中,仅仅考虑了几个特殊的反馈相位下的腔模。为了获得反馈相位对腔内激光强度的影响规律,以 1 nm 为间隔,将一个变化周期(即 L_0 从相对于最佳反馈相位条件 – 160 nm 偏移至 + 160 nm 处)内不同的反馈相位所对应的不对称度与腔后透射曲线强度进行了计算,分别如图 3.38 和图 3.39 所示。由图 3.38 可以分析得到,当反馈相位处于最佳值时,即 L_0 的值满足最佳反馈相位条件时,腔模的不对称度很低,约为 – 0.05,而腔后透射曲线的最大强度在一个反馈相位变化周期内也是最高的;当不对称度不完全等于 0,也就是腔模并不是完全对称的时候,有一段偏移范围(0 ~ 60 nm),在这一段偏移范围中,腔后透射曲线的最大强度也是最高的;而当 L_0 偏移约 – 90 nm 时,可以发现此时腔模的不对称度接近于 0,而此时腔后透射曲线的最大强度是最低的,仅约为 0.02,与最大时的 0.25 相差了十几倍,腔内功率也就相应低了十几倍,这是需要避免的。因此,仅使用腔模的不对称度是不能完全将反馈相位调节至最佳值。既有腔模不对称,腔内功率仍然最大的反馈相位存在,也有腔模完全对称,腔内功率反而最低的反馈相位存在,因此,需要同时考虑腔模的不对称度与腔后透射曲线的最大强度,来共同确定是否达到最优反馈相位,即确定 L_0 是否调节以及调节量的大小。

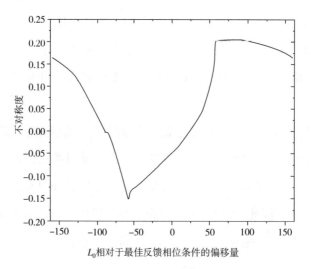

图 3.38　一个反馈相位变化周期内腔模不对称度的变化图

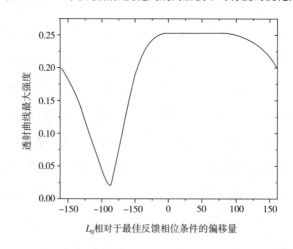

图 3.39　一个反馈相位变化周期内腔后透射曲线最大强度的变化图

3.2.4　油浸式电力变压器主要故障特征气体拉曼光谱及其谱峰特性

3.2.4.1　氮气(N_2)

1）氮气拉曼光谱

图 3.40 所示为重庆大学陈伟根课题组利用 V 型腔增强拉曼光谱技术测得的 N_2 的拉曼光谱（光谱仪狭缝宽度 100 μm，温度 25 ℃），其中 N_2 分压为 0.1 MPa（纯 N_2 标准气体充至 0.1 MPa）。如图 3.40 所示，在 300 cm^{-1} 至 4 800 cm^{-1} 范围内主要观测到了 1 个拉曼谱峰（2 327 cm^{-1}）。氮气分子为两个氮原子组成的双原子分子，因此 2 327 cm^{-1} 为两个氮原子对称振动伸缩振动对应的振动拉曼谱峰（Q 支）。

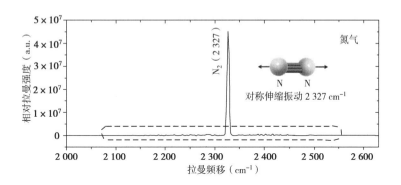

图 3.40　N_2 拉曼光谱图

若将图 3.40 中的橙色虚线部分进行放大，可以观测到 N_2 的振动 – 转动拉曼谱峰（O 支和 S 支），如图 3.41 所示。其中观测到的 O 支包括 $O(3)$ 到 $O(30)$，$O(2)$ 峰被 Q 支覆盖；观测到的 S 支包括 $S(0)$ 到 $O(28)$。

^{14}N 为费米子，其核自旋量子数 $I = 1$，电子基态为 $^1\Sigma_g{}^+$。根据式（3.28）和式（3.29）分析可知，转动量子数 J 为奇数的 N_2 分子与 J 为偶数的 N_2 分子的数量比为 1 ∶ 2。如图 3.41（a）所示，$^{14}N_2$ 的振动 – 转动拉曼谱峰按转动量子数 J

的奇偶性呈强弱交替排布,且谱峰强度之比接近 1∶2,实验现象与理论分析基本一致。在图 3.41(a)中,N_2 的 $O(5)$ 谱峰与 $O(6)$ 谱峰发生了重叠(星号标记处)。为进一步分析谱峰重叠的原因,将狭缝宽度缩小至 50 μm 以获得更高的分辨率,并对 N_2 重新进行了检测,如图 3.41(b)所示。在 $^{14}N_2$ 的 $O(5)$ 谱峰与 $O(6)$ 谱峰之间观测到了 $^{14}N_2$ 的天然同位素 $^{15}N^{14}N$(2 290 cm^{-1},Q 支)。

由图 3.40 所示的 N_2 拉曼光谱可以看出,N_2 的振动拉曼峰(Q 支,2 327 cm^{-1})相对强度最大,振动-转动拉曼峰(O 支和 S 支)相对强度较低,因此将 N_2 的振动峰(2 327 cm^{-1})选取为 N_2 的特征拉曼峰。

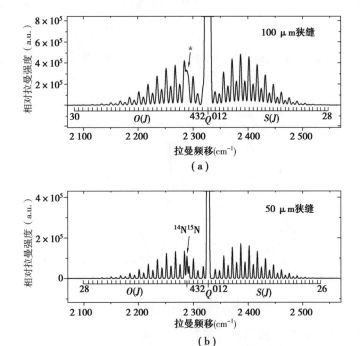

图 3.41 N_2 振转拉曼光谱

(a)狭缝 100 μm;(b)狭缝 50 μm

2)氮气特征拉曼峰分压特性

重庆大学陈伟根课题组利用 V 型腔增强拉曼光谱技术对 N_2 特征拉曼峰

（2 327 cm⁻¹）的分压特性进行了研究,其中 N₂分压范围为 1 ~ 10 000 Pa。检测时,腔内激光功率为 330 W,温度为 25 ℃,积分时间为 200 s。

图 3.42(a)所示为不同分压下 N₂的拉曼光谱,N₂特征拉曼峰强度(峰高、峰面积)随 N₂分压的变化如图 3.42(b)所示。可以看出,N₂特征拉曼峰的峰高与峰面积均随 N₂分压线性变化,且线性度极高,其中峰高的线性拟合优度 R^2 = 0.999 95、峰面积的线性拟合优度 R^2 = 0.999 92。N₂特征拉曼峰的拉曼频移和线宽在不同 N₂分压下未观测到明显变化。为减小实验误差,图 3.42(b)中各数据点均为三次测量取得的平均值。

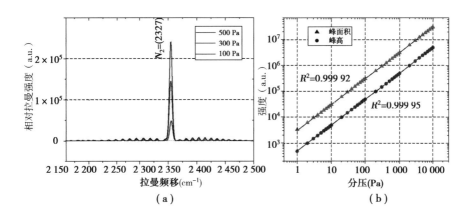

图 3.42　N₂特征拉曼峰分压特性

（a)拉曼光谱图;(b)峰强随分压的变化

3) 氮气特征拉曼峰激光功率特性

重庆大学陈伟根课题组利用 V 型腔增强拉曼光谱技术对 N₂特征拉曼峰（2 327 cm⁻¹）的激光功率特性进行了研究,其中腔内激光功率范围为 100 W 至 330 W。检测时,N₂分压为 5 000 Pa,温度为 25 ℃,积分时间为 200 s。

图 3.43(a)所示为不同腔内激光功率下 N₂的拉曼光谱,N₂特征拉曼峰强度(峰高、峰面积)随腔内激光功率的变化如图 3.43(b)所示。可以看出,N₂特征拉曼峰的峰高与峰面积均随腔内激光功率线性变化,且线性度极高,其中峰高

的线性拟合优度 R^2 = 0.999 61、峰面积的线性拟合优度 R^2 = 0.999 55。N_2 特征拉曼峰的拉曼频移和线宽在不同腔内激光功率下未观测到明显变化。为减小实验误差,图 3.43(b)中各数据点均为三次测量取得的平均值。

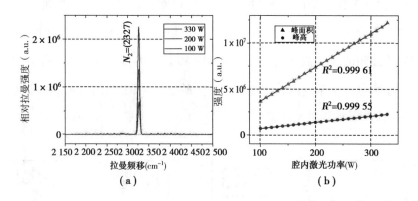

图 3.43　N_2 特征拉曼峰激光功率特性

(a)拉曼光谱图;(b)峰强随腔内激光功率的变化

4)氮气特征拉曼峰温度特性

重庆大学陈伟根课题组利用 V 型腔增强拉曼光谱技术对 N_2 特征拉曼峰(2 327 cm^{-1})的温度特性进行了研究。检测时,N_2 分压为 5 000 Pa(折合至 25 ℃时),腔内激光功率为 330 W,积分时间为 200 s。

图 3.44(a)所示为不同温度下 N_2 的拉曼光谱,N_2 特征拉曼峰强度(峰高、峰面积)随温度的变化如图 3.44(b)和图 3.44(c)所示。实验结果表明,在检测的温度范围内,N_2 特征拉曼峰的峰高与峰面积均随温度的上升而近似线性下降,其中峰高的线性拟合优度 R^2 = 0.997 87、峰面积的线性拟合优度 R^2 = 0.998 58。如图 3.44(d)所示,在检测的温度范围内,N_2 特征拉曼峰的频移随温度的上升而向低波数近似线性偏移,频移与温度的线性拟合优度 R^2 = 0.997 01。N_2 特征拉曼峰的线宽在不同温度下未观测到明显变化。为减小实验误差,图 3.44(b)、图 3.44(c)、图 3.44(d)中各数据点均为三次测量取得的平均值。

由于选取的 N_2 的特征拉曼峰为其振动斯托克斯拉曼峰,根据玻尔兹曼分布,温度升高将使更多分子处于振动激发态,导致斯托克斯拉曼散射比例下降。因此,实验中 N_2 特征拉曼峰强度随温度升高而下降,温度升高将使 N_2 的分子键变长,键力常数下降,导致振动频率减小。振动频率减小将最终导致振动拉曼峰频移的下降。因此实验中观察到 N_2 特征拉曼峰的频移随温度升高而降低。

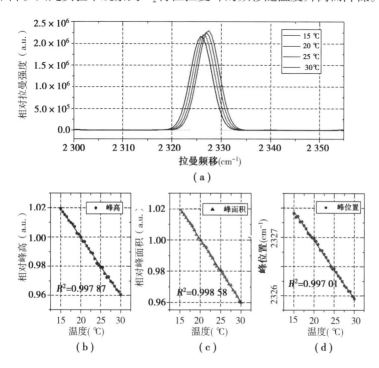

图 3.44　N_2 特征拉曼峰温度特性

(a)拉曼光谱图;(b)峰高随温度的变化;

(c)峰面积随温度的变化;(d)拉曼频移随温度的变化

3.2.4.2　氧气(O_2)

1)氧气拉曼光谱

如图 3.45 所示为重庆大学陈伟根课题组利用 V 型腔增强拉曼光谱技术测得的 O_2 的拉曼光谱(光谱仪狭缝宽度 100 μm,温度 25 ℃),其中 O_2 分压为 0.1

MPa(纯 O_2 标准气体充至 0.1 MPa)。如图 3.45 所示,在 300 cm^{-1} 至 4 800 cm^{-1} 范围内主要观测到了 1 个拉曼谱峰(1 554 cm^{-1})。氧气分子为两个氧原子组成的双原子分子,因此 1 554 cm^{-1} 为两个氧原子对称振动伸缩振动对应的振动拉曼谱峰(Q 支)。

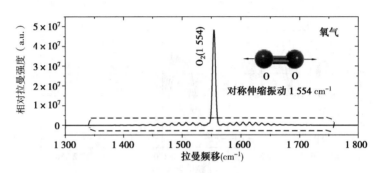

图 3.45　O_2 拉曼光谱图

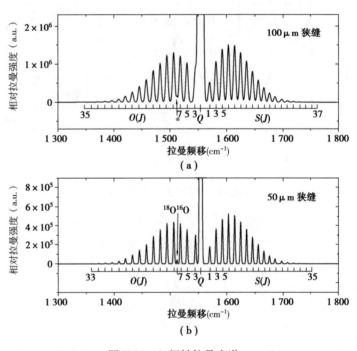

（a）

（b）

图 3.46　O_2 振转拉曼光谱

（a）狭缝 100 μm；（b）狭缝 50 μm

若将图 3.45 中的橙色虚线部分进行放大,可以观测到 O_2 的振动 - 转动拉曼谱峰(O 支和 S 支),如图 3.46 所示。其中观测到的 O 支包括 $O(5)$ 到 $O(35)$,$O(3)$ 峰被 Q 支覆盖;观测到的 S 支包括 $S(1)$ 到 $O(37)$。

^{16}O 为玻色子,其核自旋量子数 $I = 0$,电子基态为 $^3\Sigma_g^-$。根据式(3.28)和式(3.29)分析可知,不存在转动量子数 J 为偶数的 $^{16}O_2$。如图 3.46 所示,$^{16}O_2$ 的 O 支和 S 支中没有偶数 J 的拉曼谱峰,实验现象与理论分析一致。图 3.46(a)中 O_2 的 $O(7)$ 谱峰与 $O(9)$ 谱峰的底部出现了轻微的重叠(星号标记处)。为进一步分析谱峰重叠的原因,将狭缝宽度缩小至 50 μm 以获得更高的分辨率,并对 O_2 重新进行了检测,如图 3.46(b)所示。在 $^{16}O_2$ 的 $O(7)$ 峰与 $O(9)$ 峰之间观测到了 $^{16}O_2$ 的天然同位素 $^{18}O^{16}O$(1 468 cm^{-1},Q 支)。

由图 3.45 所示的 O_2 拉曼光谱可以看出,O_2 的振动拉曼峰(Q 支,1 554 cm^{-1})相对强度最大,振动 - 转动拉曼峰(O 支和 S 支)相对强度较低,因此将 O_2 的振动峰(1 554 cm^{-1})选取为 O_2 的特征拉曼峰。

2)氧气特征拉曼峰分压特性

重庆大学陈伟根课题组利用 V 型腔增强拉曼光谱技术对 O_2 特征拉曼峰(1 554 cm^{-1})的分压特性进行了研究,其中 O_2 分压范围为 1 ~ 10 000 Pa。检测时,腔内激光功率为 330 W,温度为 25 ℃,积分时间为 200 s。

如图 3.47(a)所示为不同分压下 O_2 的拉曼光谱,O_2 特征拉曼峰强度(峰高、峰面积)随 O_2 分压的变化如图 3.47(b)所示。可以看出,O_2 特征拉曼峰的峰高与峰面积均随 O_2 分压线性变化,且线性度极高,其中峰高的线性拟合优度 $R^2 = 0.999\ 87$、峰面积的线性拟合优度 $R^2 = 0.999\ 68$。O_2 特征拉曼峰的拉曼频移和线宽在不同 O_2 分压下未观测到明显变化。为减小实验误差,图 3.47(b)中各数据点均为三次测量取得的平均值。

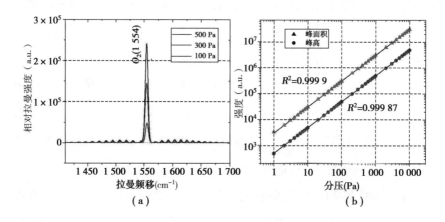

图 3.47　O_2 特征拉曼峰分压特性

（a）拉曼光谱图；（b）峰强随分压的变化

3）氧气特征拉曼峰激光功率特性

重庆大学陈伟根课题组利用 V 型腔增强拉曼光谱技术对 O_2 特征拉曼峰（1 554 cm^{-1}）的激光功率特性进行了研究，其中腔内激光功率范围为 100 W 至 330 W。检测时，O_2 分压为 5 000 Pa，温度为 25 ℃，积分时间为 200 s。

图 3.48（a）所示为不同腔内激光功率下 O_2 的拉曼光谱，N_2 特征拉曼峰强度（峰高、峰面积）随腔内激光功率的变化如图 3.48（b）所示。可以看出，O_2 特征拉曼峰的峰高与峰面积均随腔内激光功率线性变化，且线性度极高，其中峰高的线性拟合优度 $R^2 = 0.999\ 68$、峰面积的线性拟合优度 $R^2 = 0.999\ 78$。O_2 特征拉曼峰的拉曼频移和线宽在不同腔内激光功率下未观测到明显变化。为减小实验误差，图 3.48（b）中各数据点均为三次测量取得的平均值。

98

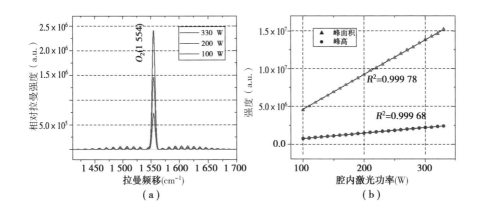

图 3.48　O_2 特征拉曼峰激光功率特性

(a)拉曼光谱图;(b)峰强随腔内激光功率的变化

4)氧气特征拉曼峰温度特性

重庆大学陈伟根课题组利用 V 型腔增强拉曼光谱技术对 O_2 特征拉曼峰 (1 554 cm^{-1})的温度特性进行了研究。检测时,O_2 分压为 5 000 Pa(折合至 25 ℃时),腔内激光功率为 330 W,积分时间为 200 s。

图 3.49(a)所示为不同温度下 O_2 的拉曼光谱,O_2 特征拉曼峰强度(峰高、峰面积)随温度的变化如图 3.49(b)和图 3.49(c)所示。实验结果表明,在检测的温度范围内,O_2 特征拉曼峰的峰高与峰面积均随温度的上升而近似线性下降,其中峰高的线性拟合优度 R^2 = 0.999 31、峰面积的线性拟合优度 R^2 = 0.998 96。如图 3.49(d)所示,在检测的温度范围内,O_2 特征拉曼峰的频移随温度的上升而向低波数近似线性偏移,频移与温度的线性拟合优度 R^2 = 0.999 07。O_2 特征拉曼峰的线宽在不同温度下未观测到明显变化。为减小实验误差,图 3.49(b)、图 3.49(c)、图 3.49(d)中各数据点均为三次测量取得的平均值。

选取的 O_2 的特征拉曼峰为其振动斯托克斯拉曼峰,其强度、频移随温度变化的原因与 N_2 特征拉曼峰强度、频移随温度变化的原因相同。

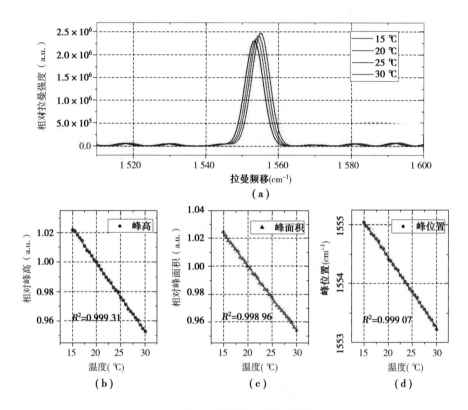

图 3.49　O_2 特征拉曼峰温度特性

(a)拉曼光谱图;(b)峰高随温度的变化;

(c)峰面积随温度的变化;(d)拉曼频移随温度的变化

3.2.4.3　二氧化碳(CO_2)

1)二氧化碳拉曼光谱

图 3.50 所示为重庆大学陈伟根课题组利用 V 型腔增强拉曼光谱技术测得的 CO_2 的拉曼光谱(光谱仪狭缝宽度 100 μm,温度 25 ℃),其中 CO_2 分压为 500 Pa(CO_2 浓度为 5 000 μL/L、载气为 Ar 的标准气体充至 0.1 MPa)。如图 3.50 所示,

CO_2在 300 cm^{-1}至 4 800 cm^{-1}范围内主要观测到了 4 个拉曼谱峰(1 65 cm^{-1}、1 285 cm^{-1}、1 388 cm^{-1}、1 409 cm^{-1})。二氧化碳分子为 1 个碳原子和两个氧原子组成的线性分子,CO_2分子剪式振动(671 cm^{-1})的二倍频恰好与其对称伸缩振动的频率(1 340 cm^{-1})相等,两者将发生费米共振,从而导致 1 340 cm^{-1}峰发生分裂,在其左右两侧形成 ν + 峰(1 388 cm^{-1})和 ν – 峰(1 285 cm^{-1})。此外,观测到的 1 265 cm^{-1}峰和 1 409 cm^{-1}峰对应 CO_2分子的热带(Hot band)。

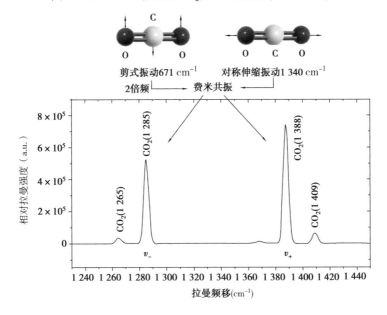

图 3.50　CO_2拉曼光谱图

若将 CO_2的分压提高至 0.1 MPa(纯 CO_2标准气体充至 0.1 MPa),狭缝宽度减小至 10 μm,其他条件不变,则可以观测到 CO_2的振动 – 转动拉曼光谱,如图 3.51 所示。图中所有的 CO_2振动拉曼谱峰均已标出,包括^{12}C^{16}O$_2$的天然同位素^{13}C^{16}O$_2$与^{12}C^{18}O^{16}O;其余未标记的均为 CO_2的振动 – 转动拉曼谱峰,其拉曼强度相对较低,CO_2在低浓度下一般难以观测。

由图 3.50 所示的 CO_2拉曼光谱可以看出,CO_2的 ν + 振动拉曼峰(1388 cm^{-1})相对强度最大,ν – 振动拉曼峰(1 285 cm^{-1})、热带(1 265 cm^{-1}和 1 409 cm^{-1})等相对强度较小,因此将 CO_2的振动峰(1 388 cm^{-1})选取为 CO_2的特征拉曼峰。

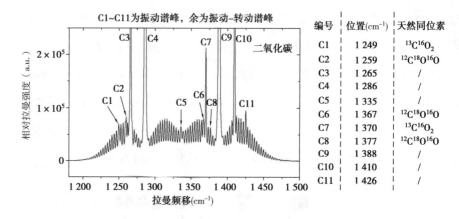

图 3.51　CO_2 振动 – 转动拉曼谱峰

2）二氧化碳特征拉曼峰分压特性

重庆大学陈伟根课题组利用 V 型腔增强拉曼光谱技术对 CO_2 特征拉曼峰（1 388 cm^{-1}）的分压特性进行了研究，其中 CO_2 分压范围为 0.2 ~ 500 Pa。检测时腔内激光功率为 330 W，温度为 25 ℃，积分时间为 200 s。图 3.52（a）所示为不同分压下 CO_2 的拉曼光谱。CO_2 特征拉曼峰强度（峰高、峰面积）随 CO_2 分压的变化如图 3.52（b）所示。可以看出，CO_2 特征拉曼峰的峰高与峰面积均随 CO_2 分压线性变化，且线性度极高，其中峰高的线性拟合优度 $R^2 = 0.999\ 89$、峰面积的线性拟合优度 $R^2 = 0.999\ 93$。CO_2 特征拉曼峰的拉曼频移和线宽在不同 CO_2 分压下未观测到明显变化。为减小实验误差，图 3.52（b）中各数据点均为三次测量取得的平均值。

3）二氧化碳特征拉曼峰激光功率特性

重庆大学陈伟根课题组利用 V 型腔增强拉曼光谱技术对 CO_2 特征拉曼峰（1 388 cm^{-1}）的激光功率特性进行了研究，其中腔内激光功率范围为 100 W 至 330 W。检测时，CO_2 分压为 500 Pa，温度为 25 ℃，积分时间为 200 s。

图 3.53（a）所示为不同腔内激光功率下 CO_2 的拉曼光谱，CO_2 特征拉曼峰强度（峰高、峰面积）随腔内激光功率的变化如图 3.53（b）所示。可以看出，CO_2 特征拉曼峰的峰高与峰面积均随腔内激光功率线性变化，且线性度极高，其中峰高的线性拟合优度 $R^2 = 0.999\ 05$、峰面积的线性拟合优度 $R^2 = 0.999\ 67$。

CO_2 特征拉曼峰的拉曼频移和线宽在不同腔内激光功率下未观测到明显变化。为减小实验误差,图 3.53(b)中各数据点均为三次测量取得的平均值。

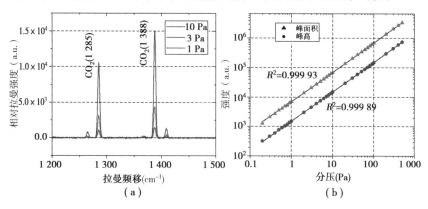

图 3.52　CO_2 特征拉曼峰分压特性

(a)拉曼光谱图;(b)峰强随分压的变化

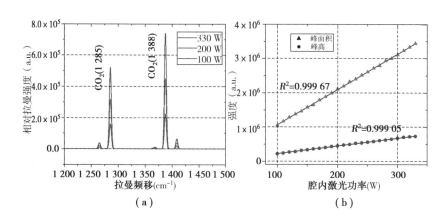

图 3.53　CO_2 特征拉曼峰激光功率特性

(a)拉曼光谱图;(b)峰强随腔内激光功率的变化

4)二氧化碳特征拉曼峰温度特性

重庆大学陈伟根课题组利用 V 型腔增强拉曼光谱技术对 CO_2 特征拉曼峰（1 388 cm^{-1}）的温度特性进行了研究。检测时,CO_2 分压为 500 Pa(折合至 25 ℃时),腔内激光功率为 330 W,积分时间为 200 s。

　　图3.54(a)所示为不同温度下 CO_2 的拉曼光谱,CO_2 特征拉曼峰强度(峰高、峰面积)随温度的变化如图3.54(b)和图3.54(c)所示。实验结果表明,在检测的温度范围内,CO_2 特征拉曼峰的峰高与峰面积均随温度的上升而近似线性下降,其中峰高的线性拟合优度 $R^2 = 0.999\ 09$、峰面积的线性拟合优度 $R^2 = 0.998\ 81$。如图3.54(d)所示,在检测的温度范围内,CO_2 特征拉曼峰的频移随温度的上升而向低波数近似线性偏移,频移与温度的线性拟合优度 $R^2 = 0.998\ 38$。CO_2 特征拉曼峰的线宽在不同温度下未观测到明显变化。为减小实验误差,图3.54(b)、图3.54(c)、图3.54(d)中各数据点均为三次测量取得的平均值。

　　选取的 CO_2 的特征拉曼峰为其费米共振形成的振动拉曼峰,其强度、频移随温度变化的原因与 N_2 特征拉曼峰强度、频移随温度变化的原因相同。

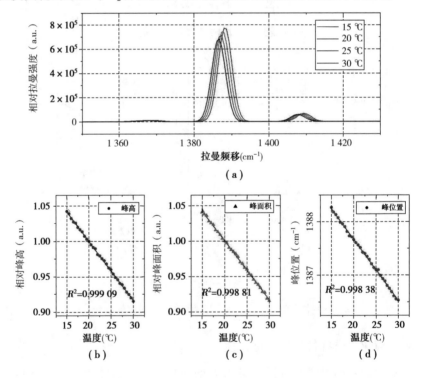

图3.54　CO_2 特征拉曼峰温度特性

(a)拉曼光谱图;(b)峰高随温度的变化;

(c)峰面积随温度的变化;(d)拉曼频移随温度的变化

3.2.4.4　一氧化碳(CO)

1)　一氧化碳拉曼光谱

图 3.55 所示为重庆大学陈伟根课题组利用 V 型腔增强拉曼光谱技术测得的 CO 的拉曼光谱(光谱仪狭缝宽度 100 μm,温度 25 ℃),其中 CO 分压为 500 Pa(CO 浓度为 5 000 μL/L、载气为 Ar 的标准气体充至 0.1 MPa)。如图 3.55 所示,CO 在 300 cm^{-1} 至 4 800 cm^{-1} 范围内主要观测到了 1 个拉曼谱峰(2 142 cm^{-1})。一氧化碳分子为 1 个碳原子和 1 个氧原子组成的双原子分子,因此 2 142 cm^{-1} 为碳氧原子对称振动伸缩振动对应的振动拉曼谱峰(Q 支)。在图 3.55 中还可以观测到 CO 的振动 – 转动拉曼谱峰(O 支和 S 支),其中观测到的 O 支包括 $O(2)$ 到 $O(20)$;S 支包括 $S(0)$ 到 $O(22)$。此外,CO 的 $O(6)$ 谱峰强度异常升高,经分析,CO 的天然同位素^{13}CO 的振动拉曼峰(Q 支)也处在该位置。

由图 3.55 所示的 CO 拉曼光谱可以看出,CO 的振动拉曼峰(Q 支,2 142 cm^{-1})相对强度最大,振动 – 转动拉曼峰(O 支和 S 支)相对强度较低,因此将 CO 的振动峰(2 142 cm^{-1})选取为 CO 的特征拉曼峰。

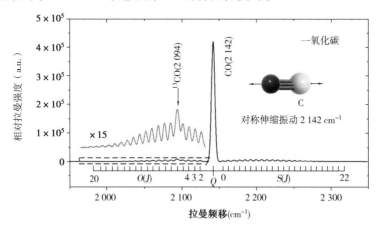

图 3.55　CO 拉曼光谱图

2)一氧化碳特征拉曼峰分压特性

重庆大学陈伟根课题组利用 V 型腔增强拉曼光谱技术对 CO 特征拉曼峰

（2 142 cm^{-1}）的分压特性进行了研究,其中 CO 分压范围为 0.5 Pa 至 500 Pa。检测时,腔内激光功率为 330 W,温度为 25 ℃,积分时间为 200 s。

图 3.56(a)所示为不同分压下 CO 的拉曼光谱,CO 特征拉曼峰强度(峰高、峰面积)随 CO 分压的变化如图 3.56(b)所示。可以看出,CO 特征拉曼峰的峰高与峰面积均随 CO 分压线性变化,且线性度极高,其中峰高的线性拟合优度 $R^2 = 0.999\ 9$、峰面积的线性拟合优度 $R^2 = 0.999\ 9$。CO 特征拉曼峰的拉曼频移和线宽在不同 CO 分压下未观测到明显变化。为减小实验误差,图 3.56(b)中各数据点均为三次测量取得的平均值。

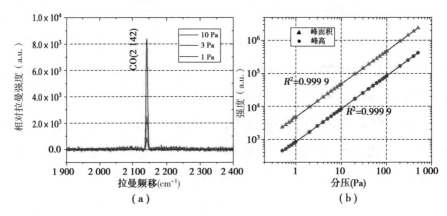

图 3.56　CO 特征拉曼峰分压特性

(a)拉曼光谱图;(b)峰强随分压的变化

3)一氧化碳特征拉曼峰激光功率特性

重庆大学陈伟根课题组利用 V 型腔增强拉曼光谱技术对 CO 特征拉曼峰（2 142 cm^{-1}）的激光功率特性进行了研究,其中腔内激光功率范围为 100 W 至 330 W。检测时,CO 分压为 500 Pa,温度为 25 ℃,积分时间为 200 s。

图 3.57(a)所示为不同腔内激光功率下 CO 的拉曼光谱,CO 特征拉曼峰强度(峰高、峰面积)随腔内激光功率的变化如图 3.57(b)所示。可以看出,CO 特征拉曼峰的峰高与峰面积均随腔内激光功率线性变化,且线性度极高,其中峰高的线性拟合优度 $R^2 = 0.998\ 94$、峰面积的线性拟合优度 $R^2 = 0.998\ 79$。CO

特征拉曼峰的拉曼频移和线宽在不同腔内激光功率下未观测到明显变化。为减小实验误差,图 3.57(b)中各数据点均为三次测量取得的平均值。

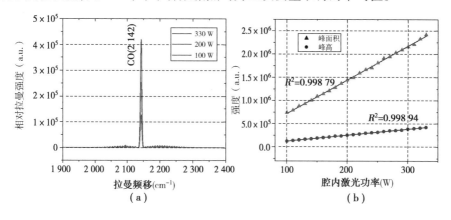

图 3.57　CO 特征拉曼峰激光功率特性

(a)拉曼光谱图;(b)峰强随腔内激光功率的变化

4)一氧化碳特征拉曼峰温度特性

重庆大学陈伟根课题组利用 V 型腔增强拉曼光谱技术对 CO 特征拉曼峰 (2 142 cm^{-1})的温度特性进行了研究。检测时,CO 分压为 500 Pa(折合至25 ℃ 时),腔内激光功率为 330 W,积分时间为 200 s。

图 3.58(a)所示为不同温度下 CO 的拉曼光谱,CO 特征拉曼峰强度(峰高、峰面积)随温度的变化如图 3.58(b)和图 3.58(c)所示。实验结果表明,在检测的温度范围内,CO 特征拉曼峰的峰高与峰面积均随温度的上升而近似线性下降,其中峰高的线性拟合优度 $R^2 = 0.998\ 45$、峰面积的线性拟合优度 $R^2 = 0.997\ 43$。如图 3.58(d)所示,在检测的温度范围内,CO 特征拉曼峰的频移随温度的上升而向低波数近似线性偏移,频移与温度的线性拟合优度 $R^2 = 0.996\ 91$。CO 特征拉曼峰的线宽在不同温度下未观测到明显变化。为减小实验误差,图 3.58(b)、图 3.58(c)、图 3.58(d)中各数据点均为三次测量取得的平均值。

选取的 CO 的特征拉曼峰为其振动拉曼峰,其强度、频移随温度变化的原因

107

与 N_2 特征拉曼峰强度、频移随温度变化的原因相同。

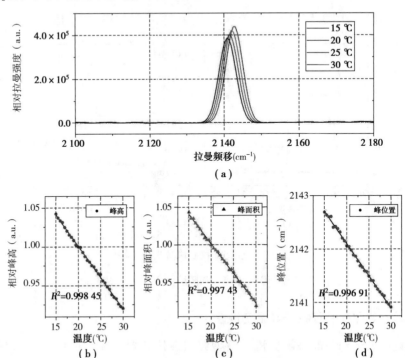

图 3.58　CO 特征拉曼峰温度特性

（a）拉曼光谱图；（b）峰高随温度的变化；

（c）峰面积随温度的变化；（d）拉曼频移随温度的变化

3.2.4.5　氢气（H_2）

1）氢气拉曼光谱

图 3.59 所示为重庆大学陈伟根课题组利用 V 型腔增强拉曼光谱技术测得的 H_2 的拉曼光谱（光谱仪狭缝宽度 100 μm，温度 25 ℃），其中 H_2 分压为 500 Pa（H_2 浓度为 5 000 μL/L、载气为 Ar 的标准气体充至 0.1 MPa）。如图 3.59 所示，H_2 在 300 cm^{-1} 至 4 800 cm^{-1} 范围内主要观测到了十数个拉曼谱峰。其中图 3.59（a）所示为 H_2 的转动拉曼光谱（S_0 支），包括 $S_0(0)$ 到 $S_0(5)$。图 3.59（b）

所示为 H_2 的振动及振动 - 转动拉曼光谱(O_1,Q_1,S_1 支)。H_2 分子的振动频率受其转动的影响将产生变化,处于不同转动能级的 H_2 分子具有不同的振动频率,因此 H_2 的振动拉曼谱峰(Q_1 支)将产生分裂。如图 3.59(a)所示,实验中 H_2 的 Q_1 支共观察到了 7 条拉曼谱线,包括 $Q_1(0)$ 到 $Q_1(6)$。

^1H 为费米子,其核自旋量子数 $I = 1/2$,电子基态为 $^1\Sigma_g^+$。根据式(3.28)和式(3.29)分析可知,转动量子数 J 为奇数的 H_2 分子与 J 为偶数的 H_2 分子的数量比为 3:1。如图 3.59(a)所示,$^1H_2$ 的转动拉曼谱峰按转动量子数 J 的奇偶性呈强弱交替排布,且谱峰强度之比接近 3:1,实验现象与理论分析基本一致。

由图 3.59 所示的 H_2 拉曼光谱可以看出,H_2 的 $S_0(1)$ 转动拉曼峰(588 cm^{-1})相对强度最大,其余振动拉曼峰、振动 - 转动拉曼峰等谱峰的相对强度较低,因此将 H_2 的 $S_0(1)$ 转动拉曼峰(588 cm^{-1})选取为 H_2 的特征拉曼峰。

2)氢气特征拉曼峰分压特性

重庆大学陈伟根课题组利用 V 型腔增强拉曼光谱技术对 H_2 特征拉曼峰(588 cm^{-1})的分压特性进行了研究,其中 H_2 分压范围为 0.1 Pa 至 500 Pa。检测时,腔内激光功率为 330 W,温度为 25 ℃,积分时间为 200 s。

图 3.60(a)所示为不同分压下 H_2 的拉曼光谱,H_2 特征拉曼峰强度(峰高、峰面积)随 H_2 分压的变化如图 3.60(b)所示。可以看出,H_2 特征拉曼峰的峰高与峰面积均随 H_2 分压线性变化,且线性度极高,其中峰高的线性拟合优度 $R^2 = 0.999\ 9$、峰面积的线性拟合优度 $R^2 = 0.999\ 92$。H_2 特征拉曼峰的拉曼频移和线宽在不同 H_2 分压下未观测到明显变化。为减小实验误差,图 3.60(b)中各数据点均为三次测量取得的平均值。

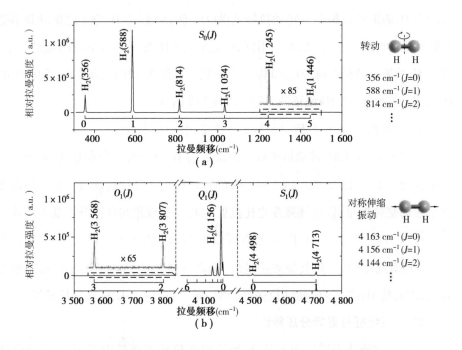

图 3.59　H_2 拉曼光谱图

（a）H_2 转动拉曼光谱；（b）H_2 振动及振动 - 转动拉曼光谱

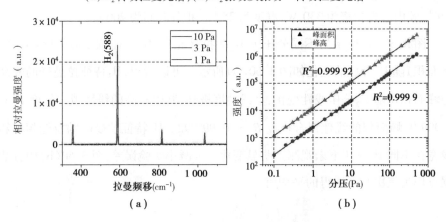

图 3.60　H_2 特征拉曼峰分压特性

（a）拉曼光谱图；（b）峰强随分压的变化

3）氢气特征拉曼峰激光功率特性

重庆大学陈伟根课题组利用 V 型腔增强拉曼光谱技术对 H_2 特征拉曼峰（588 cm^{-1}）的激光功率特性进行了研究,其中腔内激光功率范围为 100 W 至 330 W。检测时,H_2 分压为 500 Pa,温度为 25 ℃,积分时间为 200 s。

图 3.61（a）所示为不同腔内激光功率下 H_2 的拉曼光谱,H_2 特征拉曼峰强度（峰高、峰面积）随腔内激光功率的变化如图 3.61（b）所示。可以看出,H_2 特征拉曼峰的峰高与峰面积均随腔内激光功率线性变化,且线性度极高,其中峰高的线性拟合优度 $R^2 = 0.999\ 61$、峰面积的线性拟合优度 $R^2 = 0.999\ 68$。H_2 特征拉曼峰的拉曼频移和线宽在不同腔内激光功率下未观测到明显变化。为减小实验误差,图 3.61（b）中各数据点均为三次测量取得的平均值。

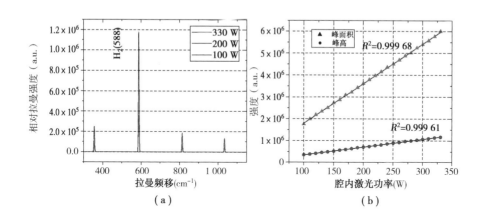

图 3.61　H_2 特征拉曼峰激光功率特性

（a）拉曼光谱图;（b）峰强随腔内激光功率的变化

4）氢气特征拉曼峰温度特性

重庆大学陈伟根课题组利用 V 型腔增强拉曼光谱技术对 H_2 特征拉曼峰（588 cm^{-1}）的温度特性进行了研究。检测时,H_2 分压为 500 Pa（折合至 25 ℃

时),腔内激光功率为 330 W,积分时间为 200 s。

图 3.62(a)所示为不同温度下 H_2 的拉曼光谱,H_2 特征拉曼峰强度(峰高、峰面积)随温度的变化如图 3.62(b)和图 3.62(c)所示。实验结果表明,在检测的温度范围内,H_2 特征拉曼峰的峰高与峰面积均随温度的上升而近似线性下降,且变化幅度较低。其中峰高的线性拟合优度 R^2 = 0.998 12、峰面积的线性拟合优度 R^2 = 0.998 65。如图 3.62(d)所示,在检测的温度范围内,H_2 特征拉曼峰的频移随温度的上升而向低波数近似线性偏移,且变化幅度较低,频移与温度的线性拟合优度 R^2 = 0.988 05。H_2 特征拉曼峰的线宽在不同温度下未观测到明显变化。为减小实验误差,图 3.62(b)、图 3.62(c)、图 3.62(d)中各数据点均为三次测量取得的平均值。

选取的 H_2 的特征拉曼峰为其转动拉曼峰 $Q_0(1)$。气体分子转动拉曼峰的强度与位于该能级的分子数量有关,分子数量遵循转动玻尔兹曼分布。H_2 分子的转动常数 B = 60.85 cm^{-1}。根据式(3.27)计算可得,-200 ℃ 至 800 ℃ 温度范围内,理论上 H_2 分子位于转动能级 J = 1 的分子数将随温度升高而先上升后下降,如图 3.63 所示。-90 ℃ 以上时,H_2 分子位于转动能级 J = 1 的分子数将随温度升高而减少,实验中观察到 H_2 的 $Q_0(1)$ 峰强度随温度上升而下降,该现象与理论一致。

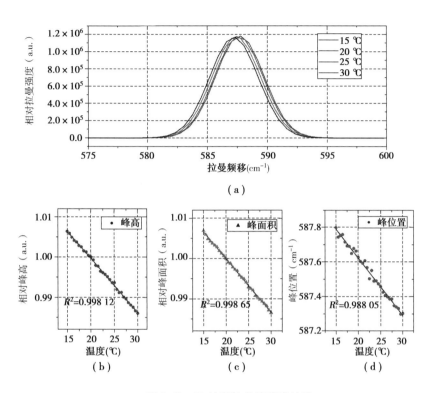

（a）

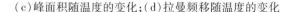

（b）　　　　　　　　（c）　　　　　　　　（d）

图 3.62　H_2 特征拉曼峰温度特性

（a）拉曼光谱图；（b）峰高随温度的变化；

（c）峰面积随温度的变化；（d）拉曼频移随温度的变化

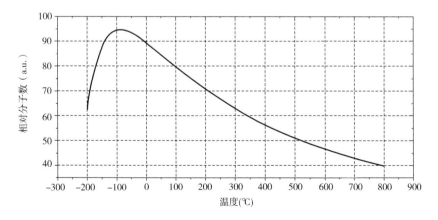

图 3.63　H_2 分子 $Q_0(1)$ 能级相对分子数随温度的变化

3.2.4.6 甲烷(CH₄)

1)甲烷拉曼光谱

图 3.64 所示为重庆大学陈伟根课题组利用 V 型腔增强拉曼光谱技术测得的 CH₄ 的拉曼光谱(光谱仪狭缝宽度 100 μm,温度 25 ℃),其中 CH₄ 分压为 500 Pa(CH₄ 浓度为 5 000 μL/L、载气为 Ar 的标准气体充至 0.1 MPa)。

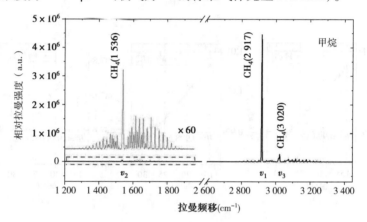

图 3.64 CH₄ 拉曼光谱图

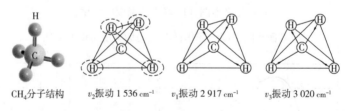

图 3.65 CH₄ 拉曼谱峰对应的振动模式

如图 3.64 所示,CH₄ 在 300 cm⁻¹ 至 4 800 cm⁻¹ 范围内主要观测到了 3 个较强的拉曼谱峰(1 356 cm⁻¹、2 917 cm⁻¹、3 020 cm⁻¹)。如图 3.65 所示,甲烷分子为 1 个碳原子与 4 个氢原子组成的正四面体结构的分子,对于实验观察到的 CH₄ 振动拉曼谱峰,1 536 cm⁻¹ 对应 CH₄ 分子的 ν_2 振动;2 917 cm⁻¹ 对应 CH₄ 分子的 ν_1 振动;3 020 cm⁻¹ 对应 CH₄ 分子的 ν_3 振动。此外,CH₄ 各振动拉曼谱峰附近可以观察到较为复杂的 CH₄ 振动-转动拉曼谱峰。

由图 3.64 所示的 CH_4 拉曼光谱可以看出，CH_4 的 ν_1 振动拉曼谱峰（2 917 cm^{-1}）相对强度最大，ν_2 振动拉曼峰、ν_3 振动拉曼峰、振动 - 转动拉曼谱峰的相对强度较低，因此将 CH_4 的 ν_1 振动拉曼峰（2 917 cm^{-1}）选取为 CH_4 的特征拉曼峰。

2）甲烷特征拉曼峰分压特性

重庆大学陈伟根课题组利用 V 型腔增强拉曼光谱技术对 CH_4 特征拉曼峰（2917 cm^{-1}）的分压特性进行了研究，其中 CH_4 分压范围为 0.1 ~ 500 Pa。检测时，腔内激光功率为 330 W，温度为 25 ℃，积分时间为 200 s。

图 3.66（a）所示为不同分压下 CH_4 的拉曼光谱，CH_4 特征拉曼峰强度（峰高、峰面积）随 CH_4 分压的变化如图 3.66（b）所示。可以看出，CH_4 特征拉曼峰的峰高与峰面积均随 CH_4 分压线性变化，且线性度极高，其中峰高的线性拟合优度 $R^2 = 0.999\ 96$、峰面积的线性拟合优度 $R^2 \approx 1$。CH_4 特征拉曼峰的拉曼频移和线宽在不同 CH_4 分压下未观测到明显变化。为减小实验误差，图 3.66（b）中各数据点均为三次测量取得的平均值。

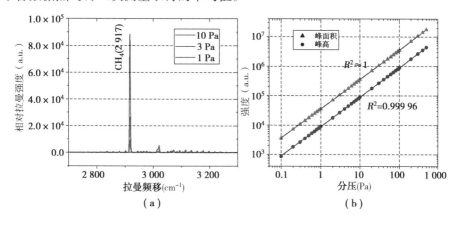

图 3.66　CH_4 特征拉曼峰分压特性

（a）拉曼光谱图；（b）峰强随分压的变化

3）甲烷特征拉曼峰激光功率特性

重庆大学陈伟根课题组利用 V 型腔增强拉曼光谱技术对 CH_4 特征拉曼峰（2 917 cm^{-1}）的激光功率特性进行了研究，其中腔内激光功率范围为 100 W 至

330 W。检测时,CH_4分压为 500 Pa,温度为 25 ℃,积分时间为 200 s。

图 3.67(a)所示为不同腔内激光功率下 CH_4 的拉曼光谱,CH_4特征拉曼峰强度(峰高、峰面积)随腔内激光功率的变化如图 3.67(b)所示。可以看出,CH_4特征拉曼峰的峰高与峰面积均随腔内激光功率线性变化,且线性度极高,其中峰高的线性拟合优度 $R^2 = 0.99988$、峰面积的线性拟合优度 $R^2 = 0.99984$。CH_4特征拉曼峰的拉曼频移和线宽在不同腔内激光功率下未观测到明显变化。为减小实验误差,图 3.67(b)中各数据点均为三次测量取得的平均值。

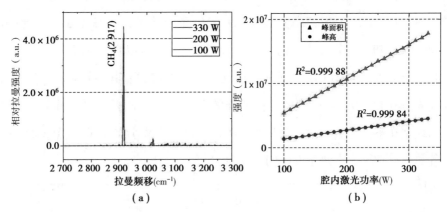

图 3.67　CH_4特征拉曼峰激光功率特性

(a)拉曼光谱图;(b)峰强随腔内激光功率的变化

4)甲烷特征拉曼峰温度特性

重庆大学陈伟根课题组利用 V 型腔增强拉曼光谱技术对 CH_4 特征拉曼峰($2\,917\ cm^{-1}$)的温度特性进行了研究。检测时,CH_4分压为 500 Pa(折合至 25 ℃时),腔内激光功率为 330 W,积分时间为 200 s。

图 3.68(a)所示为不同温度下 CH_4 的拉曼光谱,CH_4特征拉曼峰强度(峰高、峰面积)随温度的变化如图 3.68(b)和图 3.68(c)所示。实验结果表明,在检测的温度范围内,CH_4特征拉曼峰的峰高与峰面积均随温度的上升而近似线性下降,其中峰高的线性拟合优度 $R^2 = 0.99986$、峰面积的线性拟合优度 $R^2 = 0.99984$。如图 3.68(d)所示,在检测的温度范围内,CH_4特征拉曼峰的频移随温度的上

升而向低波数近似线性偏移,频移与温度的线性拟合优度$R^2 = 0.991\,32$。CH_4特征拉曼峰的线宽在不同温度下未观测到明显变化。为减小实验误差,图3.68(b)、图3.68(c)、图3.68(d)中各数据点均为三次测量取得的平均值。

选取的CH_4的特征拉曼峰为其振动拉曼峰,其强度、频移随温度变化的原因与N_2特征拉曼峰强度、频移随温度变化的原因相同。

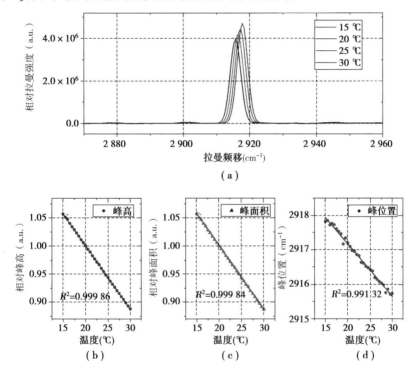

图 3.68　CH_4特征拉曼峰温度特性

(a)拉曼光谱图;(b)峰高随温度的变化;

(c)峰面积随温度的变化;(d)拉曼频移随温度的变化

3.2.4.7　乙烷(C_2H_6)

1)乙烷拉曼光谱

图 3.69 所示为重庆大学陈伟根课题组利用 V 型腔增强拉曼光谱技术测得的 C_2H_6 的拉曼光谱(光谱仪狭缝宽度 100 μm,温度 25 ℃),其中 C_2H_6 分压为

500 Pa(C_2H_6 浓度为 5 000 μL/L、载气为 Ar 的标准气体充至 0.1 MPa)。如图 3.69 所示,C_2H_6 在 300 cm^{-1} 至 4 800 cm^{-1} 范围内主要观测到了 5 个较强的拉曼谱峰(993 cm^{-1}、2 744 cm^{-1}、2 780 cm^{-1}、2 900 cm^{-1}、2 955 cm^{-1})。

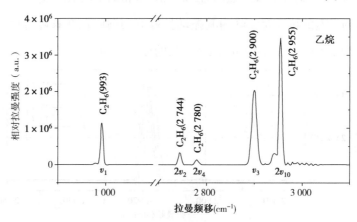

图 3.69　C_2H_6 拉曼光谱图

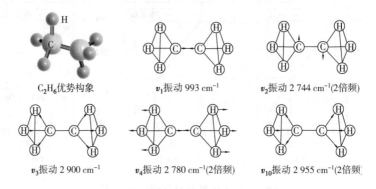

图 3.70　C_2H_6 拉曼谱峰对应的振动模式

如图 3.70 所示,乙烷分子由 2 个碳原子与 6 个氢原子组成,由于其碳碳单键可以自由旋转,因此乙烷分子可以有无数种构象。乙烷分子的优势构象为交叉式,此时分子内能最低,分子结构最稳定。对于实验观察到的 C_2H_6 振动拉曼谱峰,993 cm^{-1} 对应 C_2H_6 分子的 v_1 振动;2 744 cm^{-1} 对应 C_2H_6 分子 v_2 振动的 2 倍频;2 780 cm^{-1} 对应 C_2H_6 分子 v_4 振动的 2 倍频;2 900 cm^{-1} 对应 C_2H_6 分子的 v_3 振动;2 955 cm^{-1} 对应 C_2H_6 分子 v_{10} 振动的 2 倍频。此外,C_2H_6 的 2 955 cm^{-1}

118

峰附近可以观察到对应的振动 – 转动拉曼谱峰。

由图 3.69 所示的 C_2H_6 拉曼光谱可以看出,C_2H_6 的 2 倍频 ν_{10} 振动拉曼峰(2 955 cm^{-1})相对强度最大,ν_1 振动拉曼谱峰、2 倍频 ν_2 振动拉曼谱峰、2 倍频 ν_4 振动拉曼峰、ν_3 振动拉曼峰、振动 – 转动拉曼峰的相对强度较低,因此将 C_2H_6 的 2 倍频 ν_{10} 振动拉曼峰(2 955 cm^{-1})选取为 C_2H_6 的特征拉曼峰。

2)乙烷特征拉曼峰分压特性

重庆大学陈伟根课题组利用 V 型腔增强拉曼光谱技术对 C_2H_6 特征拉曼峰(2 955 cm^{-1})的分压特性进行了研究,其中 C_2H_6 分压范围为 0.1 ~ 500 Pa。检测时,腔内激光功率为 330 W,温度为 25 ℃,积分时间为 200 s。

图 3.71(a)所示为不同分压下 C_2H_6 的拉曼光谱,C_2H_6 特征拉曼峰强度(峰高、峰面积)随 C_2H_6 分压的变化如图 3.71(b)所示。可以看出,C_2H_6 特征拉曼峰的峰高与峰面积均随 C_2H_6 分压线性变化,且线性度极高,其中峰高的线性拟合优度 $R^2 = 0.999\,91$、峰面积的线性拟合优度 $R^2 = 0.999\,93$。C_2H_6 特征拉曼峰的拉曼频移和线宽在不同 C_2H_6 分压下未观测到明显变化。为减小实验误差,图 3.71(b)中各数据点均为三次测量取得的平均值。

3)乙烷特征拉曼峰激光功率特性

重庆大学陈伟根课题组利用 V 型腔增强拉曼光谱技术对 C_2H_6 特征拉曼峰(2 955 cm^{-1})的激光功率特性进行了研究,其中腔内激光功率范围为 100 ~ 330 W。检测时,C_2H_6 分压为 500 Pa,温度为 25 ℃,积分时间为 200 s。

图 3.72(a)所示为不同腔内激光功率下 C_2H_6 的拉曼光谱,C_2H_6 特征拉曼峰强度(峰高、峰面积)随腔内激光功率的变化如图 3.72(b)所示。可以看出,C_2H_6 特征拉曼峰的峰高与峰面积均随腔内激光功率线性变化,且线性度极高,其中峰高的线性拟合优度 $R^2 = 0.999\,77$、峰面积的线性拟合优度 $R^2 = 0.999\,9$。C_2H_6 特征拉曼峰的拉曼频移和线宽在不同腔内激光功率下未观测到明显变化。为减小实验误差,图 3.72(b)中各数据点均为三次测量取得的平均值。

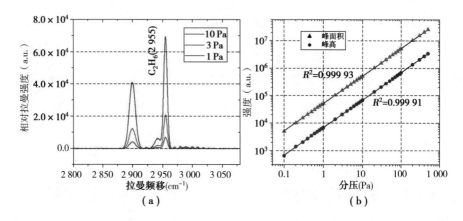

图 3.71　C_2H_6 特征拉曼峰分压特性

（a）拉曼光谱图；（b）峰强随分压的变化

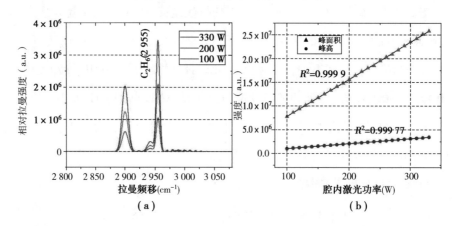

图 3.72　C_2H_6 特征拉曼峰激光功率特性

（a）拉曼光谱图；（b）峰强随腔内激光功率的变化

4）乙烷特征拉曼峰温度特性

重庆大学陈伟根课题组利用 V 型腔增强拉曼光谱技术对 C_2H_6 特征拉曼峰（2 955 cm^{-1}）的温度特性进行了研究。检测时，C_2H_6 分压为 500 Pa（折合至 25 ℃时），腔内激光功率为 330 W，积分时间为 200 s。

图 3.73（a）所示为不同温度下 C_2H_6 的拉曼光谱，C_2H_6 特征拉曼峰强度（峰高、峰面积）随温度的变化如图 3.73（b）和图 3.73（c）所示。实验结果表明，在

检测的温度范围内,C_2H_6特征拉曼峰的峰高与峰面积均随温度的上升而近似线性下降,其中峰高的线性拟合优度 $R^2 = 0.999\,59$、峰面积的线性拟合优度 $R^2 = 0.999\,67$。如图 3.73(d)所示,在检测的温度范围内,C_2H_6特征拉曼峰的频移随温度的上升而向低波数近似线性偏移,频移与温度的线性拟合优度 $R^2 = 0.998\,55$。C_2H_6特征拉曼峰的线宽在不同温度下未观测到明显变化。为减小实验误差,图 3.73(b)、图 3.73(c)、图 3.73(d)中各数据点均为三次测量取得的平均值。

选取的 C_2H_6 的特征拉曼峰为其振动拉曼峰,其强度、频移随温度变化的原因与 N_2 特征拉曼峰强度、频移随温度变化的原因相同。

3.2.4.8　乙烯(C_2H_4)

1)乙烯拉曼光谱

图 3.74 所示为重庆大学陈伟根课题组利用 V 型腔增强拉曼光谱技术测得的 C_2H_4 的拉曼光谱(光谱仪狭缝宽度 100 μm,温度 25 ℃),其中 C_2H_4 分压为 500 Pa(C_2H_4 浓度为 5 000 μL/L,载气为 Ar 的标准气体充至 0.1 MPa)。如图 3.74 所示,C_2H_4 在 300 cm^{-1} 至 4 800 cm^{-1} 范围内主要观测到了 6 个较强的拉曼谱峰(1 344 cm^{-1}、1 624 cm^{-1}、2 880 cm^{-1}、3 020 cm^{-1}、3 040 cm^{-1}、3 272 cm^{-1})。

如图 3.75 所示,乙烯分子由两个碳原子和四个氢原子构成,且所有原子共面。对于实验观察到的 C_2H_4 振动拉曼谱峰,1 344 cm^{-1} 对应 C_2H_4 分子的 $\delta_{\pi s}$ 振动;1 624 cm^{-1} 对应 C_2H_4 分子的 $\nu_{2\pi s}$ 振动;2 880 cm^{-1} 对应 C_2H_4 分子 $\delta_{\pi s}$ 振动的 2 倍频;3 020 cm^{-1} 对应 C_2H_4 分子的 $\nu_{\pi s}$ 振动;3 040 cm^{-1} 对应 C_2H_4 分子 $\nu_{2\pi s}$ 振动的 2 倍频;3 272 cm^{-1} 对应 C_2H_4 分子的 $\nu_{\sigma a}$ 振动。此外,C_2H_4 的 1 344 cm^{-1} 和 3 020 cm^{-1} 峰附近可以观察到对应的振动－转动拉曼谱峰。

由图 3.74 所示的 C_2H_4 拉曼光谱可以看出,C_2H_4 的 $\delta_{\pi s}$ 振动拉曼峰(1 344 cm^{-1})与 $\nu_{\pi s}$ 振动拉曼峰(3 020 cm^{-1})相对强度较大,$\nu_{2\pi s}$ 振动拉曼峰,2 倍频 $\delta_{\pi a}$

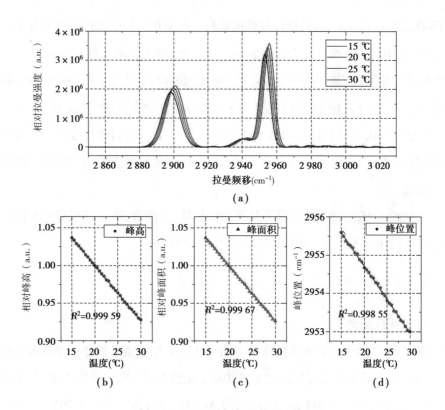

图 3.73 C_2H_6 特征拉曼峰温度特性

（a）拉曼光谱图；（b）峰高随温度的变化；

（c）峰面积随温度的变化；（d）拉曼频移随温度的变化

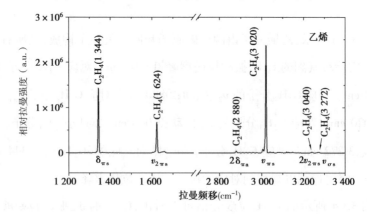

图 3.74 C_2H_4 拉曼光谱图

振动拉曼峰、2 倍频 $\nu_{2\pi s}$ 振动拉曼峰、$\nu_{\sigma a}$ 振动拉曼峰、振动 – 转动拉曼峰的相对强度较低;然而 C_2H_4 的 $\nu_{\pi s}$ 振动拉曼峰与 CH_4 的 ν_3 振动拉曼峰位置重叠,因此将 C_2H_4 的 $\delta_{\pi s}$ 振动拉曼峰(1 344 cm^{-1})选取为 C_2H_4 的特征拉曼峰。

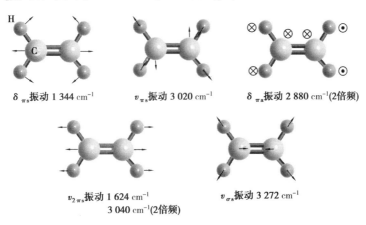

$\delta_{\pi s}$ 振动 1 344 cm^{-1} 　　　$\nu_{\pi s}$ 振动 3 020 cm^{-1} 　　　$\delta_{\pi a}$ 振动 2 880 cm^{-1}(2倍频)

$\nu_{2\pi s}$ 振动 1 624 cm^{-1} 　　　$\nu_{\sigma s}$ 振动 3 272 cm^{-1}
3 040 cm^{-1}(2倍频)

图 3.75　C_2H_4 拉曼谱峰对应的振动模式

2) 乙烯特征拉曼峰分压特性

重庆大学陈伟根课题组利用 V 型腔增强拉曼光谱技术对 C_2H_4 特征拉曼峰(1 344 cm^{-1})的分压特性进行了研究,其中 C_2H_4 分压范围为 0.1 ~ 500 Pa。检测时,腔内激光功率为 330 W,温度为 25 ℃,积分时间为 200 s。

图 3.76(a)所示为不同分压下 C_2H_4 的拉曼光谱,C_2H_4 特征拉曼峰强度(峰高、峰面积)随 C_2H_4 分压的变化如图 3.76(b)所示。可以看出,C_2H_4 特征拉曼峰的峰高与峰面积均随 C_2H_4 分压线性变化,且线性度极高,其中峰高的线性拟合优度 $R^2 = 0.999\ 92$、峰面积的线性拟合优度 $R^2 = 0.999\ 92$。C_2H_4 特征拉曼峰的拉曼频移和线宽在不同 C_2H_4 分压下未观测到明显变化。为减小实验误差,图 3.76(b)中各数据点均为三次测量取得的平均值。

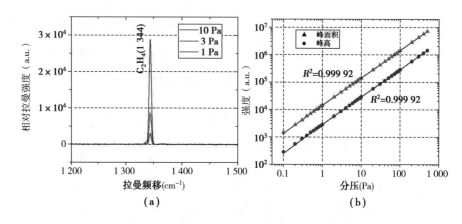

图 3.76　C_2H_4特征拉曼峰分压特性

(a)拉曼光谱图;(b)峰强随分压的变化

3)乙烯特征拉曼峰激光功率特性

重庆大学陈伟根课题组利用 V 型腔增强拉曼光谱技术对 C_2H_4 特征拉曼峰 (1 344 cm^{-1})的激光功率特性进行了研究,其中腔内激光功率范围为 100～330 W。检测时,C_2H_4 分压为 500 Pa,温度为 25 ℃,积分时间为 200 s。

图 3.77(a)所示为不同腔内激光功率下 C_2H_4 的拉曼光谱,C_2H_4 特征拉曼峰强度(峰高、峰面积)随腔内激光功率的变化如图 3.77(b)所示。可以看出,C_2H_4 特征拉曼峰的峰高与峰面积均随腔内激光功率线性变化,且线性度极高,其中峰高的线性拟合优度 $R^2 = 0.999\ 63$、峰面积的线性拟合优度 $R^2 = 0.999\ 76$。C_2H_4 特征拉曼峰的拉曼频移和线宽在不同腔内激光功率下未观测到明显变化。为减小实验误差,图 3.77(b)中各数据点均为三次测量取得的平均值。

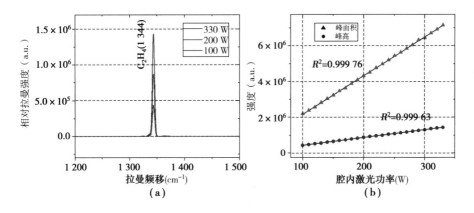

图 3.77　C_2H_4 特征拉曼峰激光功率特性

(a)拉曼光谱图;(b)峰强随腔内激光功率的变化

4)乙烯特征拉曼峰温度特性

重庆大学陈伟根课题组利用 V 型腔增强拉曼光谱技术对 C_2H_4 特征拉曼峰($1\ 344\ cm^{-1}$)的温度特性进行了研究。检测时,C_2H_4 分压为 500 Pa(折合至 25 ℃时),腔内激光功率为 330 W,积分时间为 200 s。

图 3.78(a)所示为不同温度下 C_2H_4 的拉曼光谱,C_2H_4 特征拉曼峰强度(峰高、峰面积)随温度的变化如图 3.78(b)和图 3.78(c)所示。实验结果表明,在检测的温度范围内,C_2H_4 特征拉曼峰的峰高与峰面积均随温度的上升而近似线性下降,其中峰高的线性拟合优度 $R^2 = 0.999\ 71$、峰面积的线性拟合优度 $R^2 = 0.999\ 95$。如图 3.78(d)所示,在检测的温度范围内,C_2H_4 特征拉曼峰的频移随温度的上升而向低波数近似线性偏移,频移与温度的线性拟合优度 $R^2 = 0.999\ 46$。C_2H_4 特征拉曼峰的线宽在不同温度下未观测到明显变化。为减小实验误差,图 3.78(b)、图 3.78(c)、图 3.78(d)中各数据点均为三次测量取得的平均值。

选取的 C_2H_4 的特征拉曼峰为其振动拉曼峰,其强度、频移随温度变化的原因与 N_2 特征拉曼峰强度、频移随温度变化的原因相同。

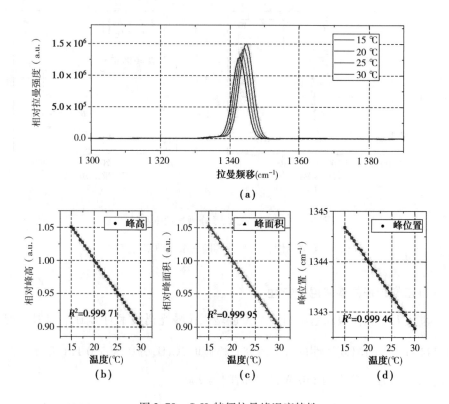

图 3.78 C₂H₄特征拉曼峰温度特性

（a）拉曼光谱图；（b）峰高随温度的变化；

（c）峰面积随温度的变化；（d）拉曼频移随温度的变化

3.2.4.9 乙炔（C₂H₂）

1）乙炔拉曼光谱

图 3.79 所示为重庆大学陈伟根课题组利用 V 型腔增强拉曼光谱技术测得的 C_2H_2 的拉曼光谱（狭缝宽度 100 μm，温度 25 ℃），其中 C_2H_2 分压为 500 Pa（C_2H_2 浓度为 5 000 μL/L、载气为 Ar 的标准气体充至 0.1 MPa）。如图 3.79（a）所示，C_2H_2 在 300 cm⁻¹ 至 4 800 cm⁻¹ 范围内主要观测到了 4 个较强的拉曼谱峰（1 230 cm⁻¹、1 960 cm⁻¹、1 972 cm⁻¹、3 372 cm⁻¹）。

如图 3.80 所示,乙炔分子为两个碳原子和两个氢原子组成的线性分子,对于图 3.79(a)中的 C_2H_2 拉曼谱峰,1 230 cm^{-1} 对应 C_2H_2 分子 ν_5 振动的 2 倍频; 1 230 cm^{-1} 对应 C_2H_2 分子的热带;1 972 cm^{-1} 对应 C_2H_2 分子的 ν_2 振动;3 372 cm^{-1} 对应 C_2H_2 分子的 ν_1 振动。如图 3.79(b)所示,C_2H_2 分子 ν_2 振动峰两侧可以观测到对应的振动 – 转动拉曼谱峰,且在 1 941 cm^{-1} 处观测到了 C_2H_2 的天然同位素$^{13}C^{12}CH_2$ 的 ν_2 振动峰。如图 3.79(c)所示,C_2H_2 分子 ν_1 振动峰两侧可以观测到对应的振动 – 转动拉曼谱峰,且在 3 361 cm^{-1} 处观测到了 C_2H_2 热带对应的拉曼谱峰;在 3 361 cm^{-1} 处观测到了 C_2H_2 的天然同位素$^{13}C^{12}CH_2$ 的 ν_2 振动峰。

由图 3.79 所示的 C_2H_2 拉曼光谱可以看出,C_2H_2 的 ν_2 振动拉曼峰(1 972 cm^{-1})相对强度最大,2 倍频 ν_5 振动拉曼谱峰、ν_1 振动拉曼谱峰、振动 – 转动拉曼峰的相对强度较低,因此将 C_2H_2 的 ν_2 振动拉曼峰(1 972 cm^{-1})选取为 C_2H_2 的特征拉曼峰。

2)乙炔特征拉曼峰分压特性

重庆大学陈伟根课题组利用 V 型腔增强拉曼光谱技术对 C_2H_2 特征拉曼峰(1 972 cm^{-1})的分压特性进行了研究,其中 C_2H_2 分压范围为 0.1 ~ 500 Pa。检测时,腔内激光功率为 330 W,温度为 25 ℃,积分时间为 200 s。

图 3.81(a)所示为不同分压下 C_2H_2 的拉曼光谱,C_2H_2 特征拉曼峰强度(峰高、峰面积)随 C_2H_2 分压的变化如图 3.81(b)所示。可以看出,C_2H_2 特征拉曼峰的峰高与峰面积均随 C_2H_2 分压线性变化,且线性度极高,其中峰高的线性拟合优度 $R^2 = 0.999\ 92$、峰面积的线性拟合优度 $R^2 = 0.999\ 91$。C_2H_2 特征拉曼峰的拉曼频移和线宽在不同 C_2H_2 分压下未观测到明显变化。为减小实验误差,图 3.81(b)中各数据点均为三次测量取得的平均值。

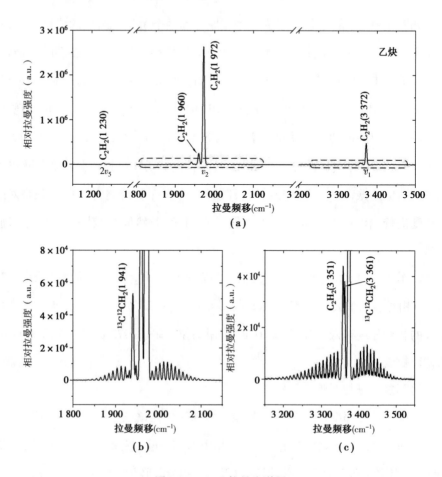

图 3.79 C₂H₂拉曼光谱图

（a）总览；（b）ν_2振动的振动－转动拉曼峰；（c）ν_1振动的振动－转动拉曼峰

ν_1振动 3372 cm⁻¹ ν_2振动 1972 cm⁻¹ ν_5振动 1230 cm⁻¹(2倍频)

图 3.80 C₂H₂拉曼谱峰对应的振动模式

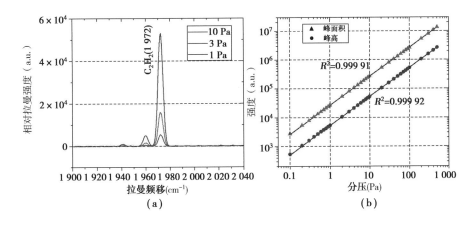

图 3.81　C_2H_2 特征拉曼峰分压特性

(a)拉曼光谱图;(b)峰强随分压的变化

3)乙炔特征拉曼峰激光功率特性

重庆大学陈伟根课题组利用 V 型腔增强拉曼光谱技术对 C_2H_2 特征拉曼峰（1 972 cm^{-1}）的激光功率特性进行了研究,其中腔内激光功率范围为 100 ~ 330 W。检测时,C_2H_2 分压为 500 Pa,温度为 25 ℃,积分时间为 200 s。

图 3.82(a)所示为不同腔内激光功率下 C_2H_2 的拉曼光谱,C_2H_2 特征拉曼峰强度(峰高、峰面积)随腔内激光功率的变化如图 3.82(b)所示。可以看出,C_2H_2 特征拉曼峰的峰高与峰面积均随腔内激光功率线性变化,且线性度极高,其中峰高的线性拟合优度 $R^2 = 0.999\ 96$、峰面积的线性拟合优度 $R^2 = 0.999\ 68$。C_2H_2 特征拉曼峰的拉曼频移和线宽在不同腔内激光功率下未观测到明显变化。为减小实验误差,图 3.82(b)中各数据点均为三次测量取得的平均值。

4)乙炔特征拉曼峰温度特性

重庆大学陈伟根课题组利用 V 型腔增强拉曼光谱技术对 C_2H_2 特征拉曼峰（1 972 cm^{-1}）的温度特性进行了研究。检测时,C_2H_2 分压为 500 Pa(折合至 25 ℃时),腔内激光功率为 330 W,积分时间为 200 s。

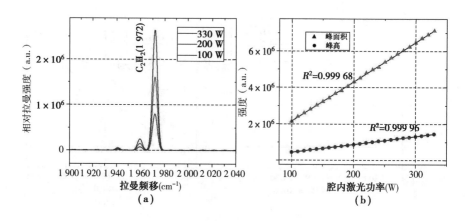

图 3.82　C_2H_2 特征拉曼峰激光功率特性

(a)拉曼光谱图；(b)峰强随腔内激光功率的变化

图 3.83(a)所示为不同温度下 C_2H_2 的拉曼光谱，C_2H_2 特征拉曼峰强度(峰高、峰面积)随温度的变化如图 3.83(b)和图 3.83(c)所示。实验结果表明，在检测的温度范围内，C_2H_2 特征拉曼峰的峰高与峰面积均随温度的上升而近似线性下降，其中峰高的线性拟合优度 $R^2=0.999\ 29$、峰面积的线性拟合优度 $R^2=0.999\ 23$。如图 3.83(d)所示，在检测的温度范围内，C_2H_2 特征拉曼峰的频移随温度的上升而向低波数近似线性偏移，频移与温度的线性拟合优度 $R^2=0.998\ 69$。C_2H_2 特征拉曼峰的线宽在不同温度下未观测到明显变化。为减小实验误差，图 3.83(b)、图 3.83(c)、图 3.83(d)中各数据点均为三次测量取得的平均值。

选取的 C_2H_2 的特征拉曼峰为其振动拉曼峰，其强度、频移随温度变化的原因与 N_2 特征拉曼峰强度、频移随温度变化的原因相同。

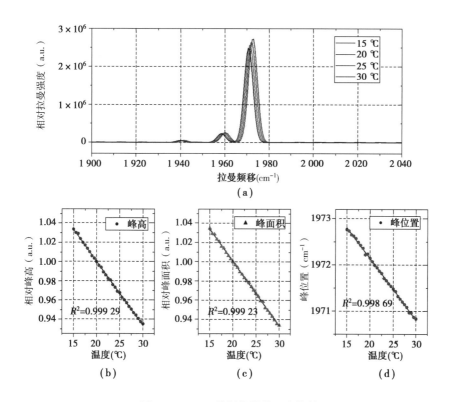

图 3.83　C_2H_2 特征拉曼峰温度特性

(a)拉曼光谱图;(b)峰高随温度的变化;

(c)峰面积随温度的变化;(d)拉曼频移随温度的变化

3.3　光声光谱型光纤气体传感检测技术

3.3.1　光声光谱基本原理

光声光谱现象于 1880 年由贝尔(Bell)首次发现,但由于缺乏合适的激发光以及高灵敏的声探测器,针对该技术的研究在随后的几十年中几乎处于停滞状态。20 世纪 60 年代,受益于第一台激光器的诞生以及针对高灵敏麦克风的不断研究,光声光谱技术逐渐开始受到越来越多的关注,其中气体分析是其重点应用领域。

光声光谱技术[71-80]属于一类间接吸收光谱技术,其与吸收光谱一样利用了气体分子的吸收特性。用特定波长的激发光照射待测气体时,如若激发光光子能量恰好等于待测气体中目标气体分子的能级差,目标气体将会被激发到高能态,并处于不稳定的状态,在激发光停止照射或改变波长后,目标气体分子会通过下列四种方式退回到基态模式:

(1)辐射出一个与激发光光子能量相同的光子;

(2)产生光化学反应,重新组合分子键;

(3)将吸收的能量传递给待测气体中另一处于基态的分子,并使其变为高能态;

(4)与另一分子发生碰撞弛豫,通过无辐射跃迁将吸收的一部分能量转化为平动能并释放。

光声光谱技术就是通过检测第四种方式中气体分子通过无辐射跃迁释放的平动能来检测待测气体中目标气体的浓度,其检测流程如图 3.84 所示。

光声光谱的检测流程可分为以下几个步骤:

(1)通过一束波长位于待测目标气体吸收谱线处的调制光源照射待测混合气体,调制方式可采用间断照射气体的强度调制或来回改变波长的波长调制;

(2)气室内的目标气体吸收调制光源能量,激发到高能态;

(3)高能态分子通过与另一分子发生碰撞弛豫,将一部分能量通过无辐射跃迁转换为平动能;

(4)平动能以热能的形式释放能量,导致待测目标气体周围温度发生变化,而温度的变化又会导致气压的变化。由于激发光被调制,目标气体分子将以调制的频率周期性地释放平动能,使得气压周期性改变,以此便产生了光声信号,通过声传感器(如麦克风)检测光声信号强度即可得到目标气体浓度。

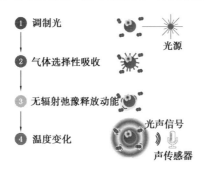

①　调制光　　　　　　　　　　　光源

②　气体选择性吸收

③　无辐射弛豫释放动能　　　　　光声信号

④　温度变化　　　　　　　　　　声传感器

图 3.84　光声光谱法测量目标气体的检测流程

对于光声光谱型光纤气体传感器,由于传感器探头尺寸通常较小,难以在微型光声池中形成驻波增强效应,因此在光声光谱型光纤气体传感器中光声池一般均工作于非共振模式,在非共振模式时,声波的波长远大于光声池的尺寸,因此声波在光声池中无法传播,光声池内也无法产生简正模式声场 $p_j(\vec{r})$,光声池内的平均压力随着调制频率而振荡,这时光声信号幅值 $A_0(\omega)$ 为:

$$A_0(\omega) = \frac{iP_0\alpha L_j(\gamma - 1)I_j}{V_c\omega[1 + i/(\omega\tau_0)]} \tag{3.101}$$

其中 P_0 为激发光光功率, α 为目标气体吸收系数, L_j 为激发光与待测气体的作用距离, γ 为气体热容比, I_j 为激发光与声场简正模式之间的耦合度, V_c 为光声池体积, ω 为调制角频率, τ_0 是非共振模式下的阻尼时间,其被气体与气室池壁间热传导效率约束。

因此,在非共振模式下光声池内产生的光声信号声压为:

$$p(\vec{r},\omega_0) = A_0(\omega)e^{i\omega t} = \frac{iP_0\alpha L_j(\gamma - 1)I_j}{V_c\omega[1 + i/(\omega\tau_0)]}e^{i\omega t} \tag{3.102}$$

其中 $\dfrac{iL_j(\gamma - 1)I_j}{V_c\omega[1 + i/(\omega\tau_0)]}e^{i\omega t}$ 与光声池的体积 V_c、激发光与气体的作用距离 L_j、调制角频率 ω 等参数相关,而与激发光的光强 P_0 以及目标气体的吸收系数 α 无关,将该部分称作非共振模式下的光声池池常数 F:

$$F = \frac{iL_j(\gamma - 1)I_j}{V_c\omega[1 + i/(\omega\tau_0)]}e^{i\omega t} \tag{3.103}$$

由式可知,在非共振光声池中,池常数与光声池体积 V_c 成反比,且与激发光在光声池中与气体的作用距离 L_j 成正比。因此,在非共振光声光谱中,因较小的光声池设计使激发光在光声池中与气体的作用距离 L_j 缩短而减弱的信号可以被同样减小的光声池体积 V_c 所补偿,故采用极少待测气量的微型光声池也可以获得较强的光声信号,这也使得光声光谱技术具有了制作成微型光纤气体传感器探头的潜力。

对处于非共振模式下的光声池,检测到的光声信号可以表示为:

$$S_{PA} = Mp(\vec{r}, \omega_j) = MP_0CSFN_ag \tag{3.104}$$

由式(3.104)可知,在非共振光声池中,光声信号与声电转换装置灵敏度 M、激发光光功率 P_0、目标气体的体积浓度 C、目标气体的吸收线强度 S、光声池池常数呈正相关关系。此外,光声信号还与待测气体的总摩尔浓度 N_a 以及待测气体归一化后的线型函数 g 有关,而这两项均是待测气体压强 P 与温度 T 的函数。因此,通常在实际光声光谱测量中需要控制光声池的温度以及光声池内待测气体的压强为一恒定值,以避免待测气体压强和温度的变化影响光声信号幅值造成测量误差。

3.3.2　光声光谱型光纤气体传感系统

1880 年,贝尔首次提出采用光来传输声信号的构想,随着光电探测器、激光和光纤技术研究的进展,自 20 世纪 70 年代起光学声传感器得到了快速发展,光学声传感器采用测量传输光的功率、波长、相位等参数来感知外部声信号,其相比于传统的电麦克风具有高灵敏度、高信噪比、宽频带响应、大线性动态范围等优点,已被广泛用于国防安全、工业无损检测和医学诊断等领域。

光声光谱采用测量气体产生的光声信号的原理来测量气体浓度,传统的光声光谱系统均采用的是电学麦克风配合光声池的结构。近几年,基于光学麦克风的光声气体传感探头取得了较好的研究成果。其采用光学声传感器来代替电学麦克风,并将大容积的光声池优化设计为微型光声池,将其与光学麦克风一起制作成光声光谱声传感器探头,具有非常广阔的应用前景。

采用光学声传感器的光声光谱系统与采用电声传感器的系统相比,具有灵敏度高、抗电磁干扰、耐腐蚀、耐高温、不带电等优良特性,特别适用于强电磁干扰、高温、腐蚀性及爆炸性气体等环境中的光声光谱气体检测。其中采用强度调制、光纤光栅以及干涉原理的光学声传感器均取得了较好的研究成果。基于强度调制的光学声传感器是通过将光路中的一部分光移出光路来降低检测到的光功率;基于光纤光栅的光学声传感器是通过声音振动引起光纤光栅常数发生改变,从而影响所检测到的反射及透射光的中心波长;基于干涉仪的光学声传感器是基于光的干涉原理检测由声振动引起两束干涉光间微小的距离变化。以上各类原理的光学声传感器具有一个共同的特点:无须采用电子设备即可将声音信号直接转换为光波信号,而光波信号又可以在光纤等无源器件中长距离传输,因此光学声传感器系统中的光电探测器等电子设备得以布置于远离检测声源的位置,这也就使得光学声传感器具有了在强电磁干扰、高温、爆炸和腐蚀性环境中工作的能力。

3.3.2.1　强度调制型光声光谱型光纤气体传感系统

基于强度调制型的光学声传感器是最简单的一种光学声传感器,其通过选择性地从光路中去除部分光能来检测信号,因此可以采用低成本的非相干光源或者宽带光源来检测。因其成熟的技术和稳定的性能,基于强度调制型的光学声传感器已经实现了商业化的批量生产。

由于光纤传输损耗小,尺寸小,质量小和灵活性好等优点,基于强度调制型光纤声传感器可以实现远距离的分布式检测与小尺寸设计。日本九州大学川端康成(Kawabata)等人通过将一根光纤缠绕40次制成一个直径为16 mm的光纤环,采用检测由于光纤微弯曲而导致的传输损耗来检测光声信号。丹麦韦斯特加德(Westergaard)等人研究了一种基于裸露单模光纤的强度调制型光纤声传感器,如图3.85所示,该光纤单边固定于光声池中形成悬臂梁结构,并采用分束式光学检测器检测来自光纤中传导的光束。由于光声池中没有电容麦克风等电子设备,该系统能够用于电容式麦克风通常无法正常工作的高温(200 ℃以上)气体环境中。通过实验对比,该光纤声传感器在 1 kHz 时的响应信噪比约为商用电容式麦克风(KingstateElec,KEEG1538WB-100LB)的 5 倍,其对于 NO_2 的检测下限为 50 μL/L。考虑光纤悬臂梁的尺寸较小,因此该系统中光声池的尺寸原则上最小可以设计为 10 mm × 3 mm × 3 mm。小体积的光声池不仅可以减小待测气量的需求,并且还有益于增强光声信号,因为在非共振光声池中,降低光声池体积有助于提高光声信号。但是,光源光功率的波动和传感系统稳定性不佳等问题容易影响光声光谱检测系统的信噪比,其可以通过使用光纤光栅和光学干涉仪来改善。

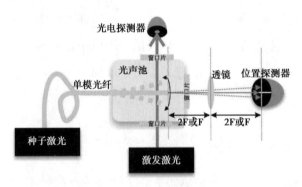

图 3.85　光纤悬臂型麦克风光声光谱系统示意图

3.3.2.2　基于光纤光栅的光声光谱型光纤气体传感系统

在基于光纤光栅的光学声传感器中,声信号会通过改变光栅常数,从而影响光栅反射光的中心波长。该原理克服了强度调制型光学声传感器对光功率波动敏感的缺点。与其他类型的光学声传感器相比,基于光纤光栅的光学声传感器具有以下优势:其波长是绝对参数,数据结果不受光功率波动或传输损耗的干扰,具有很强的抗干扰能力。此外,光纤光栅的反射波长带宽较窄,因此可以在单个光纤上刻蚀多个光纤光栅制作成传感网络,实现多点准分布式的超声测量。

荷兰阿姆斯特丹大学周胜等人研究了一种基于光纤光栅的光声光谱气体传感探头,如图 3.86 所示,它由一个带有窗口的小光声池,以及一段多次循环缠绕于光声池上并覆盖其窗口的长光纤组成,光纤前后分别有两个反射波长位于 1 530 nm 及 1 550 nm 的光纤光栅,通过光纤干涉仪可以测量两个光纤光栅之间的距离,通过检测两个光纤光栅之间光纤长度的变化即可检测光声信号。由于其不含有如振膜等易碎部件,因此该光声光谱气体传感探头具有较高的可靠性,且通过构建多个气体传感探头可以实现准分布式的气体测量。由于所有的电子设备和光学设备都可以放置于控制室中,仅需通过光纤传导所检测到的光声信号,因此其还可以实现远程测量,用于检测矿井中的气体泄漏等应用领域。

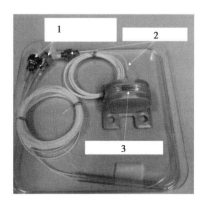

图 3.86　基于光纤光栅声传感器的光声光谱气体传感探头示意图

1—缠绕光纤与光纤光栅;2—激发光纤;3—缠绕式光纤探头

综上所述,基于光纤光栅的光学声传感器可以使光声系统工作在恶劣的环境中并实现准分布式测量,具有重要的应用价值。但是,由于频谱边带的限制,基于光纤光栅的光学声传感器灵敏度相对较低,而采用干涉原理的光学声传感器可以获得更高的灵敏度。

3.3.2.3 干涉型光声光谱型光纤气体传感系统

1) 干涉型光学声传感器

干涉型光学声传感器采用干涉仪来检测由声信号引起的光路微弱变化,其按干涉原理的不同主要可以分为四种类型:马赫-增德尔干涉仪型(Mach-Zehnder Interference,MZI)、萨格奈克干涉仪型(Sagnac Interference,SI)、迈克尔逊干涉仪型(Michelson Interference,MI)和法布里-珀罗干涉仪型(Fabry-Perot Interference,FPI),如图 3.87 所示。

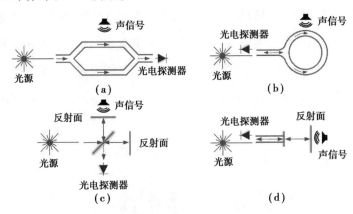

图 3.87　四种干涉结构的示意图

(a)马赫-增德尔干涉仪型(MZI);(b)萨格奈克干涉仪型(SI);

(c)迈克尔逊干涉仪型(MI);(d)法布里-珀罗干涉仪型(FPI)

MZI 是一种传导型干涉结构,在 MZI 中,一束光波导(或空间光束)被分为参考光和探测光,声信号引起参考光路径长度波动,并使其相位发生改变,当两束光再次相遇时便会发生干涉效应。采用相同长度的两根光纤作为两束光束的光路时,可以通过使用多模光纤,更改光纤涂层并将传感光纤嵌入复合结构等手段来提高传感器的检测灵敏度和扩大其频率响应范围。

SI 也是一种传导型干涉结构,它使用 Sagnac 环路中相对的两个光束之间的光程差来感应声信号。由于未使用参考光路,减少了基于 MZI 声传感器的低频干扰问题。为改善两个光束之间的相位差,导光光纤可以采用偏振保持光纤(Polarization Maintaining Fiber, PMF)或高双折射(High Birefringence, Hi-Bi)光纤。

MI 类似于 MZI,其使用一束光束作为参考臂,另一束光束作为传感臂来检测声信号。区别在于 MI 是反射型干涉结构。因此,优化基于 MI 光学声传感器的反射结构(例如使用悬臂或柔性膜)可以提高麦克风的灵敏度。同时,与 MZI 一样,其也可以采用多匝缠绕光纤来提高灵敏度。Liu 等人使用聚丙烯膜片作为反射结构设计了一款 MI 光学声传感器,获得了 90 Hz ~ 4 kHz 的频率响应范围。

与上述三种干涉仪不同,FPI 光学声传感器因其不需要耦合器和参考臂,具有结构小巧的优势。且与 MI 一样也是一种反射型干涉结构,因此通过优化反射结构同样可以实现更高的灵敏度。声信号会改变法布里-珀罗(Fabry-Perot, FP)腔的长度,并通过检测干涉光功率的变化来检测声信号。其中,光纤 FPI 声传感器可分为本征型法布里-珀罗干涉仪型(Intrinsic Fabry-Perot Interferometer, IFPI)和非本征型法布里-珀罗干涉仪型(Extrinsic Fabry-Perot Interferometer, EFPI),其区别在于传感器的 FP 腔是否在传导光纤内构成。

综上所述,受益于各类新型柔性材料和结构,采用反射型干涉结构的 MI 和 FPI 麦克风相比于 MZI 和 SI 麦克风具有更高的灵敏度。因此,在基于干涉型光学声传感器光声光谱的现有研究中也主要是采用基于这两种干涉原理的光学声传感器,而其中 FPI 麦克风因其结构小巧的优势,可以与光纤非常完美地结合在一起,制作成光纤声传感器探头,因此,在干涉型光声光谱型光纤气体传感系统中,主要采用了 FPI 干涉原理实现光声信号的测量。

2)FPI 干涉型光声光谱光纤气体传感系统

和其他光学方法相比,光声光谱法的检测灵敏度与激发光功率成正比,且采用微型光声池导致的低光程可以通过小气室本身对光声信号的放大作用实现弥补,因此在保证灵敏度的前提下可以实现小型化的结构,具有作为微型气体传感器探头的潜力。2013 年,香港理工大学曹迎春等人首次提出了一种光纤尖端光声光谱气体传感器,如图 3.88 所示,其对于 C_2H_2 的检测下限为 4.3 μL/L,其传感器探头的尺寸仅为毫米量级,待测气体通过法珀腔侧边的小孔扩散进法珀腔内,激发光通过单模光纤(Single-Mode Fiber,SMF)传输到法珀腔中,并在法珀腔内产生光声信号,其在远程监测和空间受限的环境以及大规模传感器网络中具有广泛的应用前景。但是,采用一根光纤传输激发光和法珀解调光会提高系统复杂度。荷兰阿姆斯特丹大学格鲁察(Gruca)等人通过使用两根单模光纤分离激发光和法珀解调光,并采用微悬臂梁代替振膜,将 C_2H_2 的检测下限提升至 1.5 μL/L。

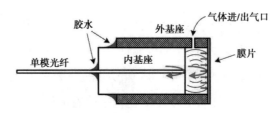

图 3.88　光纤尖端光声光谱气体传感器示意图

荷兰阿姆斯特丹大学周胜等人采用毛细管(内径 0.6 mm)作为光声池,并通过微型悬臂梁来检测光声信号,取得了 C_2H_2 气体 1.5×10^{-2} μL/L 的检测下限。但是在该结构中由于激发光直接照射在悬臂梁上增加了系统的噪声,且长期测量后还会因激光的烧灼降低悬臂梁的使用寿命。因此在先前的研究基础上,周胜等人设计并搭建了一种具有 100 μm × 100 μm 透明窗口的悬臂结构,如图 3.89 所示,激发光可以直接进入光声池中而不会与悬臂梁接触。并将该传感器插入一个小型发酵罐中,实现了酵母发酵过程中产生的 CO_2 的实时原位监测。

大连理工大学陈珂等人设计并搭建了一种用于气体微泄漏远程监控基于悬臂梁结构的光纤光声传感器,如图 3.90 所示,其通过实验获得了 11.2 s 延迟的准实时响应,并使用 1 km 双芯光纤进行了模拟远程环境气体监测,可以准实时地测量环境中的待测气体浓度。由于环境温度的改变将导致光声响应和悬臂梁声学灵敏度发生相应的改变,陈珂等人研究了一种具有温度自补偿功能的光纤光声气体传感器探头,其将温度变化的误差从 ± 10.6% 降低到 ± 2.4%。

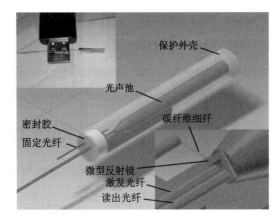

图 3.89　光纤尖端光声气体传感器示意图

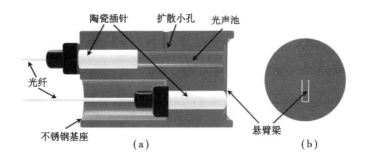

图 3.90　光纤尖端光声气体传感器示意图

光声光谱气体传感探头在变压器故障特征气体分析中同样具有较好的应用前景。由于变压器内部强电磁场环境的限制以及其对绝缘的极高要求,目前对于变压器故障特征气体分析通常仍是将绝缘油从变压器中取出后进行脱气测量,而难以实现变压器故障特征气体的实时原位检测,因此使得在线监测设备对突发性故障产生了检测时效上的滞后性。荷兰阿姆斯特丹大学周胜等人提出了一种浸入式原位测量变压器油中溶解气体的方法。其光声传感器探头安装在一个由硅树脂涂层玻璃纤维套管制成的可渗透小气室内,变压器故障特征气体会通过硅树脂涂层溶解进小气室中,其系统结构图如图 3.91 所示。通过检测模拟放电故障生成的 C_2H_2 气体,验证了传感器实时原位检测的能力,并通过实验分析了传感器与放电点距离和位置的不同导致的测量延迟,通过优化传感器参数可以进一步减小传感器的体积并增强光声信号,但该工作在实际使用中还需考虑电力变压器内部噪声干扰以及高温对气体吸收系数以及油气分离膜性能的影响。因此对比迈克尔逊光学声传感器,法珀光纤声传感器在同样具有高灵敏度的前提下还具有着结构紧凑的优势,其采用的将干涉仪与感声膜片构成整体结构的设计不仅使系统抵御外界振动干扰的能力更强,还可以实现气体传感器探头的应用。

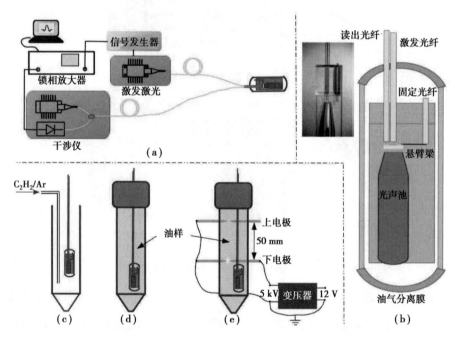

图 3.91　浸入式光声光谱气体传感器示意图及实验步骤

由于传感器探头中激光器功率不可以过大,避免高功率激光烧坏探头,因此其灵敏度无法受益于高功率激光器,需要研究其他提升检测灵敏度的方法才可以获得高灵敏的气体检测能力。

由式(3.104)可知,提高激发光功率可以有效增强光声信号,但高功率激光器的价格通常十分昂贵。采用腔增强技术可以有效增强激发光的光功率,但会大大增加系统复杂度。通过式(3.101)可知,在光声池中未发生饱和吸收效应前,目标气体的光声信号强度与激发光和待测气体的作用距离成正比。因此,通过优化设计光声池的结构及入射光的位置,使激发光在光声池中实现多次反射,增加激发光和待测气体的作用距离,能够有效提升光声信号强度,实现系统检测灵敏度的提升。

多次反射结构在可调谐半导体激光吸收光谱法中应用较多,其需要精准设计反射腔结构与入射光角度,使得激光在气室内经过多次反射后仍可以准确射入光电探测器的检测口内。与可调谐半导体激光吸收光谱法不同的是,光声光谱检测不需要通过测量激发光经过待测气体后的功率来得到待测气体浓度值,因此在光声光谱系统中的多次反射结构可以允许一定的光路偏移,以及允许激发光的功率在光声池中耗散至零且无需将激发光从光声池中导出。

多光程光声光谱系统原理示意图如图 3.92 所示,激发光以一定的角度射入光声池中,并在光声池池壁或安装于光声池内的反射镜间来回多次反射。为简化理论计算,假定光声池内反射面的反射率均为 R,单次反射的光路长度均为 L_s。经过一次反射后的激光功率为 $P_{\mathrm{refl}}(v) = P_0(v)Re^{-\alpha(v)L_s}$。

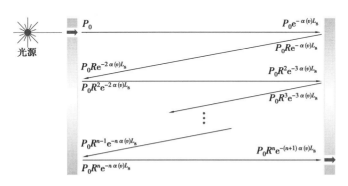

图 3.92　多光程光声光谱系统原理示意图

在弱吸收($\alpha L_s \leqslant 5 \times 10^{-3}$)且反射面反射率 R 低于 97% 的情况下,激光在单次反射的光路中被气体吸收掉的功率相比于在反射时损耗掉的功率可以忽略不计,由于变压器油中溶解气体通常处于 1 μL/L 体积分数的量级,在近红外波段的吸收线强度均较弱,且因待测气量的限制,光声池体积通常不会很大,因此满足弱吸收条件。而金和银等常用反射涂层在近红外波段的反射率通常低于 97%,因此忽略激光在单次反射光路中被吸收掉的功率,由式(3.101)可求得经过 n 次反射后,光声池内的声场振幅为:

$$A_j(\omega)_n = \sum_{k=0}^{n} \frac{i\omega\alpha L_s(\gamma-1)I_j}{V_c(\omega^2 - \omega_j^2 + i\omega\omega_j/Q_j)}P_0 R^k \qquad (3.105)$$

当多光程光声池处于非共振模式时,光声池内虽无法形成简正模式声场 $p_j(\vec{r})$,但单个光程形成的同相位不同幅值的振荡光声信号仍可以叠加并增强,由式(3.102)可求得多光程非共振光声池中的光声信号幅值 $A_0(\omega)$ 为:

$$p(\vec{r},\omega_0)_n = A_0(\omega)_n e^{i\omega t} = P_0\alpha \frac{iL_s(\gamma-1)I_j(1-R^n)}{V_c\omega[1+i/(\omega\tau_0)](1-R)}e^{i\omega t} \qquad (3.106)$$

由式(3.103)可知多光程非共振光声池的池常数 F_n 为:

$$F_n = \frac{iL_s(\gamma-1)I_j(1-R^n)}{V_c\omega[1+i/(\omega\tau_0)](1-R)}e^{i\omega t} \qquad (3.107)$$

由式(3.104)可求得多光程非共振光声池中检测到的光声信号为:

$$S_{PA} = Mp(\vec{r},\omega_j) = MP_0 CSF_n N_a g \qquad (3.108)$$

在非共振光声池中,多光程形成的光声信号可以在光声池中进行累加并实现光声信号的增强,其增强原理与 TDLAS 中广泛采用的多反腔长光程气体吸收池(Multi-Pass Cell,MPC)类似,其中常见的类型有赫里奥特池以及怀特池。与赫里奥特池以及怀特池等多反吸收池相比,环形多反腔长光程气体吸收池具有其独特的优势:赫里奥特池以及怀特池等多反吸收池一般是利用圆柱形气室的底面构建多次反射腔,而环形多反腔利用的是圆柱形气室的侧面构建多次反射腔,因此其气室圆形的底面可以安装振膜面积足够大(最大可以与气室底面半径相同)的膜片式声传感器,而膜片的灵敏度与膜片半径的平方成正比。除此以外,环形多反腔的单次光路路径仅受环形多反腔底面直径的约束,而与环

144

形多反腔的高无关,因此在满足大于激光光斑直径的前提下,环形多反腔的高度可以尽可能小。而在非共振光声池中,多光程光声信号的幅值与光声池体积成反比,因此环形多反腔不仅可以有效利用其结构的优势适配大振膜的膜片式声传感器,通过降低环形多反腔的高度,在提高光声信号的同时,还可以有效降低对待测气量的需求。

假设膜片式声传感器的振膜半径与环形多反腔的底面半径相同,可求得膜片中心点受到环形多反腔中光声信号压力时的形变方程为:

$$Z \gg \frac{p\left(\vec{r}, \omega_0\right)_n a^2}{4T} = \frac{iP_0 \alpha(\gamma - 1) I_j}{2\pi\omega\left[1 + i/(\omega\tau_0)\right]Th} \frac{(1 - R^n)}{(1 - R)} \frac{a\cos(\theta)}{h} e^{i\omega t} \quad (3.109)$$

其中 T 为膜片张力; h 为光声池高度; R 为环形多反腔的反射率; a 为膜片半径; θ 为环形多反腔的激光入射角。由式可知,在膜片式环形多反腔中,当环形多反腔的反射率一定,且振膜半径与环形多反腔的底面半径相同时,系统的灵敏度与膜片半径 a 成正比,与环形多反腔的高度 h 成反比。

重庆大学杨天荷等人研究了基于环形多反腔结构的光声气体传感器探头,其分解图如图 3.93(a)所示,其中绷膜环、环形多反腔与不锈钢垫片共同构成了非共振光声池。该传感器探头的膜片半径为 5.25 mm,材料为 PPS,其镀金后对波长范围为 1.5 ~ 1.6 μm,激光的反射率约为 80%。准直器 1 通过铝制环形多反腔侧边的 V 形槽插入环形多反腔中。环形多反腔内表面采用粗糙度 100 ~10 000 #的金相砂纸打磨至镜面级。不锈钢垫片由激光打标机加工,垫片中除插入光纤插针以及准直器 2 的通孔外,还对称加工了 2 个直径约为 0.5 mm 的小孔,用于气体扩散进出光声池。

由绷膜环、环形多反腔与不锈钢垫片共同构成的微型非共振光声池安装于聚丙烯基座上,聚丙烯基座与不锈钢垫片之间的缝隙由海绵垫片填充,其可以防止待测气体中的颗粒物进入光声池内并一定程度上减少光声信号的逸出。准直器 2 由聚苯烯基座的小孔插入光声池中并固定,其透镜与不锈钢垫片相切,其尺寸与准直器 1 的尺寸相同。采用剥离法兰后的 LC/PC 型光纤插针由探头基座中心的小孔插入光声池中并固定,通过高精密位移台调整光纤端面与PPS膜片之间的距离,此时光纤端面与PPS膜片共同构成了FP双光束干涉结构。在该结构中,FP腔构建在了光声池内部,构成了紧凑的探头型光声气体传感器,其整体结构如图3.93(b)所示。图3.93(c)为环形多反腔中的多反光路仿真,由于光路总长度较短,为简化计算过程,忽略激光发散角对光路传递造成的影响,并假设激发光仅在其子午面中进行传播。激光以相对于径向方向 θ 角度射入光声池中并沿着环形多反腔以逐步往返前进的方式来回反射,直到再次到达入射点处为止。环形多反腔的反射次数由入射角 θ 决定,其可以采用正星形多角形的几何原理进行计算:

$$\begin{cases} \theta = \dfrac{n-2q}{2n}180° \\ 1 < q < \dfrac{n}{2} \end{cases} \tag{3.110}$$

其中 n 是用正星形多角形的顶点数, q 是正星形多角形的密度,且 n 与 q 互质。环形多反腔的反射次数 $N = n - 1$,且当 q 越大时,单次反射的路径长度越长。因此,为获得更大的激发光与待测气体的作用距离,当环形多反腔的反射次数 N 确定时, q 一般取最大值。通过理论分析,求得了在该传感器探头中环形多反腔增强倍数约为22.1。

除此以外,与TDLAS不同的是,光声光谱不需要通过将多次反射后的激光导入光电探测器检测其功率的变化来检测待测气体中特征气体的浓度。因此在光声光谱气体检测应用中,可以允许环形多反腔中的光路与理论分析相比具有一定偏差,且激光可以在环形多反腔中多次反射直至激光功率衰减至零。此外,限制吸收光谱检测能力的激光干涉效应对光声光谱气体检测几乎不产生影响,因此在光声光谱气体检测中,环形多反腔可以采用更长的光路,并忽略光路间交叉重叠形成的干涉效应。

在制作传感器时可将准直器1接入通光笔来调整入射角度。虽然通光笔发出的可见光(波长650 nm)在光纤准直器中的传输损耗非常大,且铝制环形多反腔对该波长光的反射率较低,导致仅能观测到其前 2 ～ 3 次反射光路,但由于正星形多角形光路呈几何对称分布,因此仅通过前 2 ～ 3 次反射光路即可有效调整其入射角度。制作好后的光声气体传感器实物图如图 3.93(d)所示。

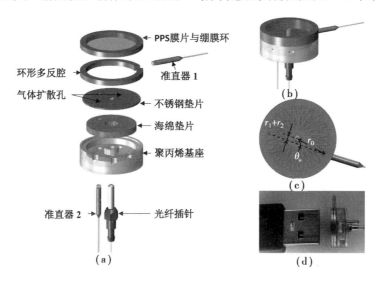

图 3.93　　光声气体传感器

(a) ~ (c)光声气体传感器示意图;(d)光声气体传感器实物图

环形多反腔不仅可以增加激发光与待测气体的作用距离,还可以避免激发光直接照射振膜,其不仅会对振膜加热改变其张力,从而改变其共振频率及灵敏度,功率过大时甚至还会烧穿振膜。采用低功率的激发光可以避免该问题,但由于光声信号与激发光功率成正比,降低光功率同时会降低光声信号强度。而环形多反腔在提高了检测灵敏度的同时,还可以有效避免待测激光照射到振膜上,使得高功率激光对振膜造成破坏。

3.3.2.4　总结

综上所述,在各类不同原理的光学声传感器中,基于强度调制型光学声传感器的光声光谱系统结构最简单,但其系统灵敏度相对较差;基于光纤光栅声传感器的光声光谱系统可以工作于恶劣的高温环境中,但其灵敏度同样满足不了痕量气体检测的需求；在基于干涉型光学声传感器的光声光谱系统中，迈克尔逊和法珀光学声传感器均具有较高的灵敏度且取得了较好的研究成果，但相较于迈克尔逊光学声传感器，法珀光纤声传感器具有更紧凑的系统结构，能够与光纤有效的结合并制作成干涉型光声光谱光纤气体传感系统，且抗振动干扰能力也更强。

在各类恶劣的应用环境中，由于采用光波传导信号以及不带电的共性，以上各类不同原理的光学声传感器均适用于强电磁场干扰和爆炸性环境中的光声光谱气体检测。而在待测气体温度变化非常大的应用环境中，则更适合采用强度调制和基于光纤光栅的光学声传感器而不是基于干涉原理的光学声传感器，这是因为干涉腔的长度容易受到周围环境温度改变的影响，但通过温度自动补偿系统可以弥补一部分环境温度造成的测量误差。对于检测灵敏度来说，基于 FPI 干涉型的光声光谱光纤气体传感系统具有最佳的灵敏度，是在光声光谱型光纤气体传感探头中使用前景最广阔的技术之一，且可以通过环形多反腔等信号增强方法，有效提高测量灵敏度。

第 **4** 章
光纤局部放电传感检测技术

绝缘性能是决定电力设备能否安全可靠运行的重要因素,它要求电力设备在运行过程中具有承受机械、热、化学和电气应力的耐久性。从文献或电网公司的报告所描述的电力变压器故障案例中可以注意到,其中许多故障的发生都与由局部放电的高活动性造成的绝缘系统的加速劣化有关。因此,局部放电强度及其动态变化是预测即将发生的绝缘故障的一个重要指标,被广泛用于电气设备的状态检测。局部放电测量技术主要基于局部放电所产生的声、光、电磁波等非电学参量或电流脉冲信号等电学参量以实现对局部放电的检测,并由此产生了针对相应局部放电特征量的多种检测方法。近年来,随着光纤传感检测技术的发展,具有良好抗电磁干扰能力的局部放电检测光纤传感器受到了越来越多的关注。

本章主要介绍基于法布里-珀罗干涉原理、马赫-增德尔干涉原理、迈克尔逊干涉原理、萨格纳克干涉原理的光纤局部放电超声传感检测技术,以及基于法拉第旋光效应的光纤局部放电电流传感检测技术。

4.1　电力设备局部放电

4.1.1　局部放电的产生及危害

局部放电(partial discharge，PD,简称局放)是电力设备绝缘介质中局部区域的微小击穿所导致的放电现象。产生局部放电的条件取决于绝缘介质中的电场分布和绝缘的电气物理性能。在电气设备中,通常绝缘材料所承受的电场分布是不均匀的,并且绝缘介质本身通常也是不均匀的,如气体-固体复合绝缘、液体－固体复合绝缘以及固体-固体复合绝缘等。即使是单一的绝缘介质,在电力设备的制造与运行过程中,其内部出现的气泡、杂质等也将导致绝缘介质的内部或表面出现高场强区域,一旦这些区域的场强高到足以引起该区域绝缘的局部击穿,就会出现局部区域的放电,而此时其他区域仍旧保持良好的绝缘性能,由此形成局部放电现象。

局部放电[81-85]并不会立即导致电气设备绝缘的整体击穿,但易造成电介质(特别是有机电介质)的局部损坏,其破坏机理分为电、热、光、腐蚀等多个方面,是一个综合的破坏过程。局部放电产生的电子、离子等大量粒子对绝缘介质材料的往复轰击,将直接造成介质分子链的断裂和破坏;轰击中的微观区域产生的局部高温将对介质材料产生热降解作用,部分大分子链断裂产生的腐蚀性气体和酸性物质(如臭氧、氧化氮等)又将缓慢氧化、腐蚀绝缘介质;同时,局部电场的畸变将进一步加剧放电强度,而局部放电区域所产生的紫外线以及局部高温,也将导致绝缘介质材料的老化。因此,若局部放电长期存在,其对周围绝缘介质的不断侵蚀,将加速电气设备绝缘的劣化甚至击穿,最终可能导致整个绝缘系统的失效,严重危害电气设备的安全运行。局部放电作为造成绝缘劣化的主要原因,以及绝缘劣化的初始征兆和重要表现,与绝缘材料的劣化和绝缘体的击穿过程密切相关,能够有效地反映电气设备内部绝缘的潜伏性缺陷和故障,其对突发性故障的早期发现比介损测量、色谱分析等方法有效得多。江西省电力科学研究院曾对湖南白沙某变电站的主变压器进行局部放电测量,结果显示主变压器中压侧 A、B、C 三相的局部放电量分别为 170 pC、2000 pC 和 165 pC,其中 B 相放电量超过了国标规定的正常局部放电量(500 pC),之后相关人员随机对其进行检查并发现 B 相套管已严重劣化,更换套管后,再次对中压侧 B 相进行测量,此时局部放电量已恢复正常,避免了变压器损坏事故的发生。由此可见,局部放电在线监测可以及时地反映出电力设备的绝缘状况,根据电力设备的绝缘状况合理地安排检修计划,提高电力设备检修效率的同时,也避免了因电力设备故障而导致的大面积停电事故的发生。

4.1.2　局部放电检测技术的发展

对局部放电的相关研究最早可追溯到 1777 年,Lichtenberg 利用伏特新设计的检测仪在绝缘介质表面观测到类似局部放电通道的星形或圆形尘埃轮廓。Maxwell 在 1873 年提出的电磁学假设,以及赫兹在 1896 年对 Maxwell 关于电磁波存在性及其在空间、时间上传播假说的实验验证,为局部放电检测设备的设计和物理模型的开发奠定了基础。最初用于局部放电检测的设备是基于西林电桥的功耗电桥,该设备在 1919 年开发出来,并在 1924 年首次用于局部放电检测。一年后,即 1925 年,Schwaiger 发现了电晕放电时的无线电频率特性,这项发现为设计测量电晕放电的无线电干扰仪奠定了基础,而无线电干扰电压法(RIV)至今仍在一些国家,尤其是在北美国家中广泛应用。1928 年,Lloyd 和 Starr 提出了平行四边形测量局部放电的方法,该方法可以认为是积分电桥的始祖。1960 年 Dakin 和 Malinaric 提出了积分电桥的方法,这种方法在局部放电的物理研究中具有独到的优点,至今仍在应用。此后,以局部放电发生时所产生的电、光、声、热等各种物理量的检测为基础的各种局部放电检测技术应运而生,如电测法以及光测法、声测法、红外热测法等非电量检测方法。

脉冲电流法作为目前唯一具有国际标准的局部放电检测方法,通过获取测量阻抗在耦合电容侧或通过 Rogowski 线圈从电力设备的中性点或接地点测取由局部放电所引起的脉冲电流,可以获得视在放电量、放电相位、放电频次等信息。在理想的测量条件下(屏蔽式高压实验室),传统的电学方法可以检测到低能量的局部放电脉冲(视在放电量 < 0.1 pC)。不过由于高水平的电磁干扰(开关操作和传输线上的金属尖端放电),在现场条件下检测到局部放电实际上是不可能的。因此,市场上可用的或目前由研究中心开发的在线监测系统仅基于非常规的局部放电检测方法,包括油中溶解气体分析法,特高频检测法,以及超声检测法等。

激发超声波发射的小型爆炸可以用来描述电力设备绝缘内部的局部放电现象,超声波将通过绝缘材料向周围传播开来。通过对声波变化敏感的声学传感器检测这些机械波,可以实现对局部放电的检测,这种方法称为超声检测法。由于其在局部放电检测和定位方面展示的潜力而被广泛应用于局部放电检测。应该强调的是,超声检测法的性能在很大程度上取决于所用声传感器在电力变压器油箱中的位置及其与局部放电源的距离,以及传感器的检测原理、结构和参数等。传统的局部放电超声检测法多采用外置的压电传感器,压电元件作为压电式超声传感器的核心结构,通常由石英等具有压电效应的永久极化材料构成,其特性在于当外界对其施加电场时,极化分子会与电场对齐,使材料尺寸发生变化;反之,当材料尺寸因机械力作用而改变时,也会激发相应的极化电场,从而感应压力波,将机械振动转换为电信号。压电传感器的检测原理与结构特性决定了其只能固定在变压器箱体外壁使用,容易受到箱体的衰减影响以及现场的电磁干扰,且电缆的传输损耗限制了信号远距离传送的可能性,而单点探测的特点也使其难以满足传感系统网络化构建的需求。

20 世纪 70 年代诞生的光纤传感检测技术在超声波的传感测量方面得到了广泛的应用。光纤超声传感检测技术通过光纤的传光特性,将超声波引起的压强变化转换为光的强度、相位、偏振态、频率、波长等参数变化,通过解调光信号后可获得相应的被测参数信息。相比于压电式传感器,光纤超声传感器具有结构紧凑、检测灵敏度高、绝缘性能好、传输损耗小、抗电磁干扰能力较强、可内置等诸多优势。1992 年 Black Burn 等人尝试将光纤传感器伸入变压器内部测量局部放电,局部放电所激发的超声波信号从放电点处开始在油中往四周传播,这种机械压力波挤压光纤,引起光纤变形,导致光纤折射率和长度发生变化,输出光信号被调制,通过适当的解调器测量出了超声波,并成功地将其用于局部放电点定位计算。

受光纤超声检测法的启示,科研人员围绕光纤电流传感器也开展了大量的研究。20 世纪 60 年代,W. J. Tabor 和 F. S. Chen 首先利用琼斯(Jones)算法推导出了磁光材料中同时存在双折射和法拉第磁光效应时的严格输出表达式,为光纤电流传感器的研制奠定了理论基础。70 年代初,光纤的问世与实用化进一步促进了光纤电流传感器的发展。从 1982 年开始,以美国和日本为代表,光纤电流传感器的研究进入了快速发展的关键时期,并开始挂网运行。国际标准化组织于 2002 年出台的电子式电流互感器的标准(IEC60044-5)涵盖了光纤电流传感器,该标准为光纤电流传感器的产品化起到了规范指导作用。

4.2　法布里-珀罗干涉型光纤局放超声传感检测技术

目前基于局部放电超声检测法的干涉型光纤传感器可分为本征型和非本征型两大类。本征型光纤传感器是指利用光纤本身作为传感器感知声信号的元件;非本征型光纤传感器是指利用膜片或其他声敏感元件检测声波,光纤本身只用于传输光信号。本征型光纤超声传感器主要有三种类型,按照传输光干涉形式的不同分为:光纤马赫-增德尔干涉型、光纤迈克尔逊干涉型以及光纤萨格纳克干涉型。非本征型光纤超声传感器主要是指光纤法布里-珀罗(Fabry-Perot,F-P)干涉型传感器。

法布里-珀罗干涉仪由法国物理学家 Fabry 和 Perot 于 1897 年提出。基于法布里-珀罗干涉原理的光纤超声传感器是目前油纸绝缘局部放电检测中最常用的光纤传感器之一,其主要的敏感结构 F-P 腔体可将声波信号转换为光学参量,并以光纤作为载体进行信号传输。由于光纤 F-P 腔本身的结构特性,光纤 F-P 传感器的尺寸可以做到极为小巧,同时由于光纤本身柔软易弯曲、传输损耗低以及绝缘性能良好等特性,有利于内置于高压电力设备中使用。相比于传统的局部放电超声检测法,能够较好地解决目前压电式超声传感器由于外置于变压器箱体使用所存在的箱体衰减、多路径传播等问题,因此其在电力设备局部放电超声信号检测领域受到了较多的关注。

4.2.1 光纤 F-P 传感器的工作原理

4.2.1.1 F-P 腔的干涉原理

如图 4.1 所示,光纤端面和膜片的内表面相互平行并间隔一定距离构成 F-P 干涉腔。当入射光束 I_0 由单模光纤导入后,第一次折反射将在光纤的端面处发生,这意味着一部分光被反射回光纤中,而另一部分光在光纤端面发生了折射后进入 F-P 腔;之后将在两个平行端面之间继续发生多次折反射,从 F-P 腔中折射回光纤中的光束与最初反射回光纤中的光束相互叠加,构成多光束干涉现象。返回光纤中的相邻两光束之间的光程差 Δd 为:

$$\Delta d = 2nL \cdot \cos \gamma \qquad (4.1)$$

两光束之间的相位差 $\Delta\delta$:

154

$$\Delta\delta = \frac{\Delta d}{\lambda} \cdot 2\pi = \frac{4\pi nL}{\lambda} \qquad (4.2)$$

式中，n 是光纤 F-P 干涉腔的折射率（$n \approx 1$）；λ 为入射光的波长。

通过多光束干涉原理可计算得到输出干涉光的光强 I_R：

$$I_R = I_0 \frac{R_1 + R_2 - 2\sqrt{R_1 R_2}\cos\Delta\delta}{1 + R_1 R_2 - 2\sqrt{R_1 R_2}\cos\Delta\delta} \qquad (4.3)$$

式中，R_1 与 R_2 分别为光纤端面和膜片内表面的有效反射率。

当光纤 F-P 传感器探头的材料、尺寸结构以及激光光源波长都确定时，通过对输出干涉光的光强 I_R 的解调，可以实现对 F-P 腔长度 L 改变量的检测。

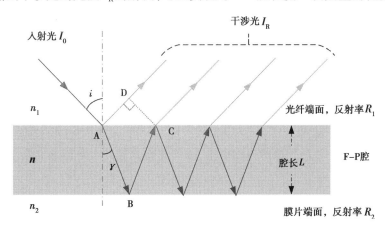

图 4.1　F-P 腔的干涉原理图

4.2.1.2　光纤 F-P 传感器的超声检测原理

非本征型光纤 F-P 传感器的基本结构如图 4.2 所示，作为声波与光纤F-P腔体耦合元件的介质膜片被固定在石英套管上，单模光纤通过陶瓷插芯插入尺寸匹配的石英套管中，与膜片平行，并正对膜片中心，F-P 腔的长度为 L，膜片厚度为 h，膜片的有效振动半径为 a。局部放电所激发的超声波信号将致使光纤 F-P 传感器的膜片发生一定的形变，相应地，F-P 腔的长度 L 也将发生动态变化，进而使输出干涉光的强度发生周期性的改变。因此，通过对输出光强进行相应的解调,可以获得膜片的形变量,进而实现对局部放电超声信号的检测。

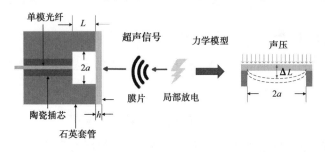

图 4.2 光纤 F-P 传感器的超声检测原理

4.2.1.3 光纤 F-P 传感器膜片的力学响应特性

作为光纤 F-P 传感器的敏感元件,膜片的力学响应特性对传感器的检测性能而言至关重要。根据板壳振动理论,F-P 传感器膜片的受力模型可以简化为沿周边固定的薄板模型,并假定薄板所使用的为弹性材料,且确保均质、各向同性,具有与其他尺寸相比较小的均匀厚度,并且在声压作用下的形变量与板的厚度相比也较小。基于板的振动理论,可计算得到光纤 F-P 传感器圆形膜片的最低阶振型的基本频率(又称为一阶共振频率或中心频率) :

$$f = \frac{10.33h}{4\pi a^2} \sqrt{\frac{E}{3\rho(1-\mu^2)}} \tag{4.4}$$

式中,E 为 F-P 传感器膜片的杨氏模量,ρ 为 F-P 传感器膜片的单位体积密度,μ 为 F-P 传感器膜片的泊松比,h 与 a 分别为传感器膜片的厚度与有效振动半径。

根据弹性力学理论,当薄板的中心点最大位移小于薄板厚度的五分之一时,板的挠度 η 为:

$$\nabla^4 \eta = \frac{q}{D} \tag{4.5}$$

式中,q 与 D 分别表示薄板所受的横向载荷大小以及抗弯刚度。综合考虑周边固支圆形薄板的受力特征与边界条件等,对上式求解可得薄板中心点的最大位移 $\Delta\eta_{max}$:

$$\Delta \eta_{max} = \frac{a^4}{64D}P = \frac{3a^4(1-\mu^2)}{16Eh^3}P \qquad (4.6)$$

式中, P 为薄板所受声压大小。将 1 Pa 声压下膜片中心点的最大位移量定义为膜片的静压灵敏度,则可以得到光纤 F-P 传感器膜片灵敏度 S 的表达式:

$$S = \frac{3a^4(1-\mu^2)}{16Eh^3} \qquad (4.7)$$

可以看出,膜片的中心频率和灵敏度除了与膜片材料的力学参数有关外,还与膜片厚度以及膜片的有效半径密切相关。当 F-P 传感器膜片的有效半径一定时,膜片振动时的一阶共振频率随厚度的增加而提高,而与此变化趋势相反,随着膜片厚度的增加,传感器膜片的灵敏度逐渐下降;而当膜片的厚度一定时,膜片的一阶共振频率随着有效半径的增加而逐渐降低,膜片的灵敏度则随着有效半径的增加而提高。由此可见,在设计光纤 F-P 传感器时,传感器的响应频率与灵敏度往往难以兼顾,故应按照实际需求进行相应的取舍或折衷。

上述力学模型仅针对膜片在空气中振动的情况。与空气中所讨论的力学模型仅对薄板本身的振动进行分析相比,液相环境下的光纤 F-P 传感器膜片的振动模型需进一步关注液体中的 F-P 传感器膜片在超声波作用下产生振动时所涉及到的固体与流体的耦合振动问题。用于油浸式变压器内部局部放电检测的光纤 F-P 传感器膜片的外侧为变压器油,因此液相环境下光纤 F-P 传感器膜片的振动模型为单面流体的薄板耦合振动问题。同时为了简化分析,假定振动模型处在不可压缩、静止的理想流体中,且传感器膜片振动时中心点最大位移小于膜片厚度的五分之一。基于上述假设,同时忽略振动时表面波势能的影响,振动时流体将只对薄板的动能产生影响,相当于以附加质量的形式改变了薄板的振动特性,根据瑞雷-里兹法可以求解得到液相环境下 F-P 传感器膜片的中心频率 f_1:

$$f_1 = \frac{10.33h}{4\pi a^2 \cdot \sqrt{1 + 0.669\left(\frac{\rho_m}{\rho}\right)\left(\frac{a}{h}\right)}} \cdot \sqrt{\frac{E}{3\rho(1-\mu^2)}} \qquad (4.8)$$

式中，ρ_m 为 F-P 传感器膜片所处液体的单位体积密度。

液相环境下光纤 F-P 传感器膜片的振动模型增加了一个与 F-P 传感器所处液体密度有关的修正系数。与空气中的振动模型相比，液相环境下的光纤 F-P 传感器膜片的一阶共振频率有明显的下降。实验表明，该模型可以更好地指导用于变压器油中指定频率超声信号检测的光纤 F-P 传感器的膜片尺寸设计，且设计时需考虑由传感器手工制备引起的一定的负误差量。

4.2.2 光纤 F-P 传感器的制备与性能测试

4.2.2.1 光纤 F-P 传感器的制备

常见的光纤 F-P 传感器制备方法主要有湿法化学腐蚀制备法、激光微加工法、MEMS 工艺法和手工切割拼接法。手工切割拼接的方法虽在制作过程中容易出现端面损坏、污染等问题，导致传感器重复性差，但对于实验室研制阶段所面对的需加工多种尺寸结构传感器且数量不大的特点，具有容易实现、成本较低等优势。下面以本课题组研制的基于康宁玻璃的光纤 F-P 传感器探头为例，为实验室手工法制备光纤 F-P 传感器提供一定参考。传感器探头的主体部件为康宁玻璃、石英套管与单模光纤。

1) 传感器膜片镀膜

选用的传感器膜片材料—康宁玻璃(型号为 Eagle^R XG，$E = 73.6$ GPa，$\rho = 2\,380$ kg/m^3，$\mu = 0.23$) 具有良好的力学特性与抗腐蚀能力。研究表明，光纤 F-P 传感器的干涉条纹对比度越高，其噪声越低、光损耗越小、光学性能越好。当 $R_1 = R_2$ 相等时，条纹对比度最高。但这在实际中往往难以实现，事实上，单模光纤的端面反射率 $R_1 \approx 4\%$，为了降低光束从 F-P 腔返回光纤过程中产生的耦合损耗，同时尽可能使干涉对比度提高，传感器膜片内表面的反射率应尽可能地接近 1。因此，对康宁玻璃进行单面镀高反介质膜处理以提高膜片的反射率，

158

介质膜层的平均厚度为 15 μm,经过镀膜处理的康宁玻璃的透过率在 1 520 ~ 1 580 nm 波段均低于 0.05%,反射率可达到 99% 以上。

2)石英套管的结构设计

如图 4.3 所示,整个石英套管采用了 10 mm × 10 mm × 7 mm 的一体化方体结构设计,单模光纤尾端通过固定在 UPC 型陶瓷插芯中的方式插入石英套管,石英套管的中空直径设计为 2.6 mm,方便陶瓷插芯的通过;同时在光纤插芯侧预留了一个直径为 6 mm、深度为 1 mm,并有一定倒角的凹槽,以便于将陶瓷插芯固定在石英套管中时进行滴胶;F-P 腔长度通常在微米量级,但这对于石英套管加工而言难度系数过高,因此在膜片侧设计了一个直径为 $2a$ mm、纵深为 1.5 mm 的圆柱形腔体,这个深度既可以保证较低的加工难度又能为 F-P 腔长调节留有足够的裕量。实际的 F-P 腔长度通过在陶瓷插芯伸入石英套管过程中,对陶瓷插芯端面与膜片内表面之间的距离调整进行控制。圆柱形腔体的半径 a 即对应实际 F-P 传感器膜片的有效振动半径。

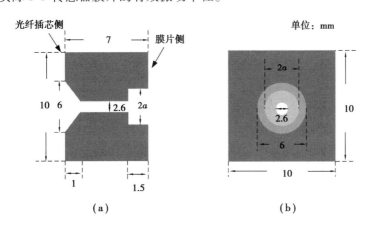

图 4.3　石英套管的结构示意图

(a)剖面图;(b)膜片侧正视图

出于膜片切割成方形的难度较圆形要低很多的考虑,在实验室研究阶段,可采用更为经济的方体结构,后续应用于电力设备中进行局部放电超声信号的在线监测时,可采用电场分布更为均匀的圆柱体结构设计。同时在安装光纤

F-P传感器时应尽可能避开电场强度较高的绕组位置,如选择贴近变压器器壁、放油阀等电场分布较弱的位置进行传感器布置。

3)膜片有效半径确定

针对所制备光纤F-P传感器的实际应用情境,分别基于4.2.1节提供的空气中与液相环境下光纤F-P传感器的振动模型,为适用于GIS设备中或变压器油中所产生的特定频率超声信号检测的光纤F-P传感器进行尺寸设计。

4)传感器探头组装

使用紫外固化胶对石英套管与康宁玻璃进行粘结,粘结过程中应避免胶水堵住微小的F-P腔,同时注意区分出玻璃镀膜面,将该面与石英套管膜片一侧相贴,并使用紫外灯照射膜片四周,加速紫外胶的固化。定制1 m长、单端带FC/APC接头的单模裸纤跳线,使用米勒钳剥去不带接头侧光纤尾端的包层与涂覆层,露出纤芯后,通过光纤切割刀将光纤端面切平整,纤芯长度应略大于陶瓷插芯长度;之后将其插入UPC陶瓷插芯中,并使用353ND胶水将陶瓷插芯与跳线粘牢;依次使用粗糙度由大到小的金刚石光纤研磨砂纸对光纤陶瓷插芯端面进行手工抛光后,使用光纤陶瓷端面检测仪对抛光后的陶瓷插芯进行检测,确保足够的端面平整度,从而完成单模光纤的插芯。之后可使用如图4.4所示的腔调节系统,进行F-P腔长的固定。石英套管与陶瓷插芯分别使用夹具固定在升降台与三轴精密位移台上,通过调节精密位移台可控制陶瓷插芯插入石英套管的深度。同时使用光谱解调仪(YOKOGAWA,AQ6374)实时观测光纤F-P传感器的输出光干涉谱图,当条纹对比度达到最大值时,将紫外固化胶滴在石英套管预留的胶水凹槽中,对陶瓷插芯与石英套管进行粘结固定。由于位移台上的操作角度有限,凹槽底部可能由于胶水不足而存在缝隙,为了保证F-P传感器探头在变压器油中的密闭性,将探头从位移台上取下后,应使用胶水在陶瓷插芯与石英套管的接头侧缝隙进行再次涂覆。制作完成的全介质光纤F-P传感器探头如图4.4(b)所示。

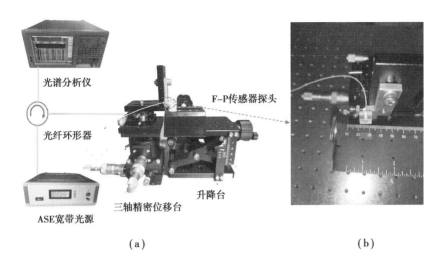

（a）　　　　　　　　　　　　　　　　（b）

图 4.4　陶瓷插芯与石英套管固定过程实验系统图

4.2.2.2　光纤 F-P 传感器的性能测试

频率响应特性是表征超声传感器性能的重要指标之一,其测试平台如图 4.5 所示,主要由超声信号生成系统、光纤 F-P 传感系统以及声校准系统组成。超声信号生成系统中,由信号发生器发出频率不同、幅值相等的正弦波信号,经信号放大器放大 20 dB 后,驱动压电晶体产生相应频率的超声波信号。光纤 F-P 传感系统中,使用 DFB 可调谐激光器作为光源,通过光纤环形器连接光源、光纤 F-P 传感探头与光电探测器;当由压电晶体产生的超声信号作用于光纤 F-P 传感器探头上时,膜片将对不同频率的超声信号产生不同程度的形变响应,由此可以获得光纤 F-P 传感器的频率响应特性曲线。由于压电晶体本身存在谐振特性,使得压电晶体发出的超声波信号并不是等幅值的,这将影响测得的 F-P 传感器频率响应特性的准确性。为此,应增添声校准系统,通过校准级声发射传感器 REF-VL(在 30 ～ 500 kHz 范围内具有较为平坦的频率响应)固定在油箱外壁上,对产生超声波信号的压电晶体的频率特性进行同步检测,由此消除压电晶体本身谐振特性的影响。通过扫频获取 F-P 传感器中心频率值,每个频率点各保存多组数据后进行有效值的平均。为了消除压电晶体本身谐振特性的影响,使用 F-P 传感器在各频率点上测得的有效值与声发射传感器所测值之比可获取所使用的 F-P 传感器的频率响应曲线。

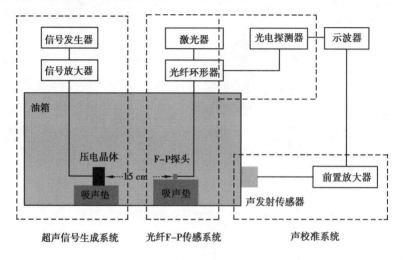

图 4.5　光纤 F-P 传感器频率响应特性测试平台

除了使用标准超声信号生成系统作为信号源以外,还可以使用相应的局部放电模型对 F-P 传感器的频率响应特性进行检测。按照局部放电在油浸式电力变压器中产生的机理、出现的位置、发生的现象的差异,可将其划分为固体绝缘介质内部的局部放电、固体绝缘介质表面的局部放电以及高压导体周围的尖端放电这三种基本类型。图 4.6 展示了针对这三种基本局部放电类型所制作的三种油纸绝缘局部放电模型,以供参考。其中如图 4.6(a)所示的柱-板结构的油纸绝缘气隙放电模型,可用于模拟电力变压器纸板等固体绝缘中的气隙放电缺陷;如图 4.6(b)所示的柱-板结构的油纸绝缘围屏放电模型,可用于模拟电力变压器中的围屏放电缺陷;如图 4.6(c)所示的针-板结构的油中金属尖端放电模型可用于模拟高压导体周围所产生的金属尖端放电。

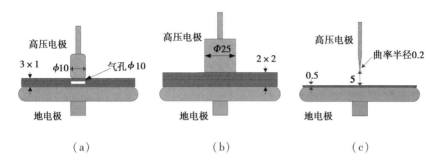

图 4.6　典型油纸绝缘局部放电模型(单位:mm)

(a)油纸绝缘气隙放电模型;(b)油纸绝缘围屏放电模型;(c)油中金属尖端放电模型

相应的油纸绝缘局部放电超声信号试验平台结构如图 4.7 所示,50 Hz、220 V 的市电经自耦调压器控制输入无晕局放试验变压器(60 kVA / 60 kV),其在 60 kV 下的局部放电量小于 5 pC;通过串接一个 60 kV / 5.3 kΩ 的保护电阻,避免绝缘纸板击穿时发生线路中电流过大的现象,同时也可抑制高压电源侧输入的高次谐波;耦合电容起到为检测阻抗隔离工频高电压的作用,RC 型检测阻抗(电阻 R_d = 400 kΩ,电容 C_d = 410 μF)能够同时过滤掉工频与谐波低频信号,二者串接后与局部放电模型构成脉冲电流法并联测量回路。

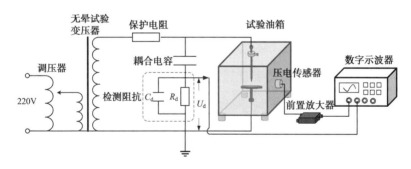

图 4.7　油纸绝缘局部放电超声信号试验平台结构图

局部放电模型内置于试验油箱中,500 mm × 300 mm × 300 mm 的试验油箱通体由有机玻璃制作,300 mm 长的导电铜杆通过绝缘树脂材料制成的高度调节阀固定在油箱盖板上,由内螺纹旋接在铜杆末端的铜电极结构可根据需要进行更换,底端接地的铜板直径为 100 mm,其与铜杆末端铜电极之间的距离可通过油箱盖板上的高度调节阀进行相应调整。当变压器施加的电压高于电极模型的放电起始电压时,试验油箱中的高压电极将发生局部放电,测量回路中产生高频脉冲电流,通过数字示波器可以测量得到检测阻抗两端的脉冲电压;连接好线路后首先通过标准局部放电脉冲发生器对放电量进行校正,完成对示波器输出电压幅值对应的视在放电量的标定;压电传感器被固定在试验油箱的外壁上(传感器与油箱壁接触位置通过涂敷超声耦合剂来降低界面声波能量损耗),并与前置放大器(放大倍数设置为 40 dB,带通滤波范围设置为 20 ～ 1 200 kHz)相连,压电传感器在超声信号的作用下生成并输出电信号,经过前置放大器放大后,送至示波器显示。

4.2.3 光纤 F-P 传感器在局部放电检测中的应用示例

4.2.3.1 三通道光纤 F-P 传感器局部放电源定位方法

可内置于电气设备内部使用的膜片式光纤 F-P 传感器体积小、灵敏度高、定位精度高,在电气设备局部放电定位检测方面具有先天的优势。局部放电中超声波定位的方法分为电声定位和声声定位,其中电声定位具有时间起点明确、声传感器数量较少、结构和计算简单的优点。光纤 F-P 传感器对局部放电源的定位可利用电声定位原理,需分别设置时间零点触发模块和多路光纤 F-P 传感模块。多路光纤 F-P 传感模块由可调谐激光源、光纤 F-P 传感探头、光开关、光电转换器、信号调理和数据处理电路等部分构成。

由于电信号的传播速度接近光速,因此时间零点触发模块以穿心式高频电流互感器所检测到的局部放电电流信号作为电触发信号。根据三维空间内部三点定位原理,多路光纤 F-P 传感模块以三路声信号作为一个传感检测单元,为覆盖整个电气设备内部空间,需要电气设备内部不同位置放置 3 × N 个光纤传感探头。整个定位系统由 3 × N 个光纤 F-P 传感器、穿心式高频电流互感器、三路光电控制箱以及数据处理主机构成,如图 4.8 所示为光纤 F-P 传感器定位系统总体示意图。

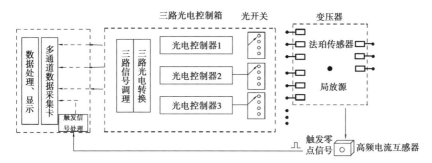

图 4.8　光纤 F-P 传感器定位系统示意图

光开关、光电控制器、光电转换器及信号调理电路集成于三路光电控制箱内。定位系统一次只能实现对一个传感单元即三路光纤 F-P 传感器进行局部放电信号的采集处理。为实现对整个定位系统所覆盖区域的局部放电检测,需通过光开关基于时分复用原理选定接通不同传感单元、进行轮换监测,在同一时段选择该区域对应的三路传感器对变压器某个选定区域进行检测,待该三路检测完毕,再选择另外一个区域,最终完成对全部传感器的巡检。针对温度与压力等环境因素对于光纤F-P传感器静态工作点的影响,可通过光电控制器补偿静态工作点漂移,维持传感器工作点的稳定。光电转换器将 F-P 传感器输出的光信号转换为电信号,方便后续数据处理。信号调理电路实现对信号的滤波、放大。数据处理主机由触发信号处理电路、多通道数据采集卡以及信号处理显示模块构成,分别完成对触发电流信号的放大处理、电信号的数据采集及数据处理、显示功能,最终实现电气设备内部空间的局部放电定位功能。

图 4.9 显示了光纤 F-P 传感系统所依据的三点电声定位原理。根据 F-P 传感器检测到的声信号相对于电流触发信号的延迟时间 t_1、t_2、t_3,计算出三个 F-P 传感器相对于局部放电源的三个距离 r_1、r_2、r_3,以前 F-P 传感器 1、2 所在位置为球心,r_1、r_2 为半径所作出的两个球面,形成一个半径为 r 的圆形交线,其圆心 (x,y,z) 在 F-P 传感器 1、2 所在线段的中心点上。求取交线圆上各点距离 F-P 传感器 3 的距离 $r3'$,$r3'$

与r3差值最小的坐标点即为所求的局放源位置。

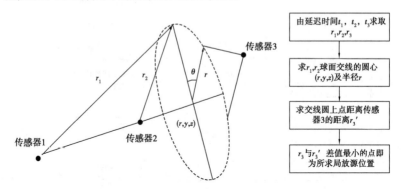

图 4.9 光纤 F-P 传感器三点电声定位示意图

中科院电工所的郭少朋基于上述光纤 F-P 传感器三点电声定位方法,首先通过 F-P 传感器 1、2、3 在空气中进行了局放定位实验,以 F-P 传感器 1 作为三维直角坐标系零点,三个传感器的坐标分别为 F-P 传感器 1(0,0,0)、F-P 传感器 2(0.2,0,0)、F-P 传感器 3(0.4,0.1,0)。延时时间分别为 1.713 ms、1.355 ms、1.284 ms,放电源布置点为(0.4,0.1,0.4),空气中的声速取 340 m/s,定位系统测量值为(0.423,0.085,0.399),定位结果与放电源布置点平面垂直方向的位置误差仅 1 mm,与放电源布置点平面平行方向的误差为 1 ~ 2 cm。而后在油介质中也进行了相应的定位实验,光纤 F-P 传感器的坐标分别为 F-P 传感器 1(0,0,0)、F-P 传感器 2(0.093,0.017,0)、F-P 传感器 2(0.169,0.088,0)。F-P 传感器 1、2、3 的测试延时时间分别为 0.097 ms、0.084 ms、0.12 ms,取油介质中声速取 1450 m/s,定位结果为(0.075 m,0.003 m,0.119 m),与放电源布置点坐标(0.083 m,0.027 m,0.118 m)相比,在 Z 方向完全一致(误差 1 mm),Y 方向有 0.024 m 的位置误差,X 方向为 0.008 m 的位置误差,多次实验结果的数据具有重复性。

4.2.3.2　多频光纤 F-P 超声传感阵列局部放电检测方法

作为衡量声学传感器的两大性能指标,灵敏度与响应频带一直以来是研究者关注的重点,但目前针对光纤 F-P 传感器检测性能提升的解决方案主要集中在对传感器膜片选材、尺寸以及结构的优化上,还未出现通过阵列的形式对传感系统的灵敏度进行优化的研究。而对于光纤传感器阵列的构建用途而言,目前主要用于局部放电定位,且传感器中心频率的设定通常是单一的,中心频率差异化设定的多频阵列几乎未受到关注。

对于光纤 F-P 传感器来说,一方面,它的谐振特性使其能够对接近其膜片一阶共振频率的超声信号做出最强的形变响应,而与共振频率点相比,那些频率响应平坦的频段的声检测灵敏度则要低得多。另一方面,不同类型局部放电模型所激发超声信号的频谱分布存在较大区别。因此,对 F-P 传感器中心频率的无差异设定将致使光纤 F-P 超声检测无法对高压电力设备中可能出现的局部放电类型进行充分应答,易造成检测缺位;同时传统的光纤 F-P 传感器传感阵列中单一的中心频率设定也将使光纤 F-P 超声检测法对外界噪声的抵御能力偏低,易造成检测误报。综合以上几点来看,通过 F-P 超声传感阵列中传感器中心频率与局部放电超声信号典型频谱对应方式构建的多频光纤 F-P 超声传感阵列,对于实现典型局部放电超声信号的差异化检测、提高光纤 F-P 超声检测法对局部放电的整体检测能力而言具有显著的意义。本课题组基于多频光纤 F-P 超声传感阵列的设想,分别构建了基于独立光电探测器与复用光电探测器的多频光纤 F-P 超声传感阵列,并对多频光纤 F-P 超声传感阵列的局部放电检测性能进行了相应测试。

1)基于独立光电探测器的多频光纤 F-P 超声传感阵列

基于独立光电探测器的多频光纤 F-P 传感阵列如图 4.9 所示,通过 1 × 3 光纤耦合器将 DFB 可调谐激光器输出的激光三等分作为三个 F-P 传感器的光源,同时为每一个 F-P 传感探头单独配备了光电探测器,考虑到成本因素,选定的光电探测器型号为 LSM-DET-SHS-W2-050,其将干涉光转换为电信号后输出至示波器显示。多频阵列中的三个 F-P 传感器在变压器油中的中心频率实测值分别为 32 kHz、121 kHz 和 153 kHz,可以满足对图 4.6 中的三种典型油纸绝缘局部放电模型所产生超声信号差异化检测的要求。

基于独立光电探测器构建的多频光纤 F-P 传感阵列依次对油中金属尖端放电模型、油纸绝缘气隙放电模型和油纸绝缘围屏放电模型所激发的局部放电超声信号进行了检测,结果如图 4.10 所示。由于阵列中所使用的独立光电探测器未内置降噪模块,故基于等波纹法设计了相应通带范围的直接型 FIR 数字带通滤波器,以降低信号中的噪声。基于等波纹法的直接型 FIR 带通滤波器是根据在所需要的响应频段内逼近最大加权误差函数的最小值来设计的。带通滤波器的频率响应函数为:

$$H(\omega) = \sum_{n=0}^{\frac{N-1}{2}} h(n) \cos \omega n \qquad (4.9)$$

式中,N 为奇数,$h(n)$ 为偶对称的冲击响应函数。带通滤波器的误差逼近函数为:

$$E(\omega) = W(\omega)[H_{实际}(\omega) - H_{理想}(\omega)] \qquad (4.10)$$

式中的 $W(\omega)$ 为加权误差函数。根据等波纹法设计的带通滤波器的频率响应函数 $H(\omega)$ 所对应的误差逼近函数应满足式:

$$E(\omega) = \min_{h(n)}[\max_{\omega \in [0,\pi]} |E(\omega)|] \qquad (4.11)$$

根据交错点组定理以及 Remez 算法可以求解 H(ω)及对应的 h(n),进而设计得到符合需求的基于等波纹法的直接型 FIR 带通滤波器。所用带通滤波器的采样频率均设置为 1 000 kHz,滤波器阶次均设置为 50。传感器 1 的数字滤波器的通带范围设置为 20 ~ 80 kHz,将传感器 2 与 3 的数字滤波器的通带范围设置为 80 ~ 180 kHz。

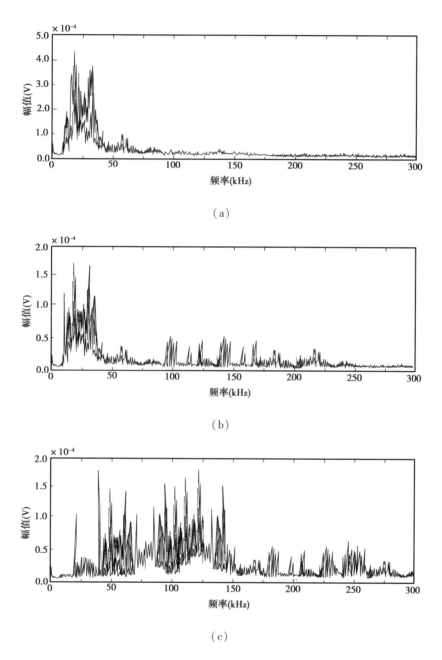

图 4.10   不同油纸绝缘局部放电模型超声信号频谱

（a）油纸绝缘气隙放电模型超声信号频谱；（b）油纸绝缘围屏放电模型超声信号频谱；

（c）油中金属尖端放电模型超声信号频谱

　　如图 4.10 与图 4.11 所示,由于油纸绝缘气隙放电模型的超声频谱集中分布在低频段,中高频段幅值极低,因而传感器 2 和 3 相对较难检测到气隙放电超声信号。而油纸绝缘围屏放电模型的超声频谱在 150 kHz 附近的幅值较低,因而灵敏度较低的传感器 3 较难检测到围屏放电超声信号。同一种膜片材料制成的适用于油中局部放电检测的光纤 F-P 传感器通常难以同时兼备高灵敏度与高频率,具有较低中心频率的传感器 1 具有较高的灵敏度,可以有效地检测到所有三种类型的典型局部放电(三种典型局部放电在低频段的电压幅值均较高),但是考虑到变压器在实际运行时会产生 20 ~ 60 kHz 的高电平噪声,因而如果仅使用传感器 1 进行局部放电检测就容易产生误报。相比之下传感器 2 和 3 对 20 ~ 60 kHz 范围内的噪声具有更强的抵御能力,但同时检测灵敏度也较低,因而可能会漏掉部分低电平的局部放电信号。因此,通过频率的梯次化设计构建的多频光纤 F-P 传感阵列将有助于提高局部放电整体检测的灵敏度和准确性。

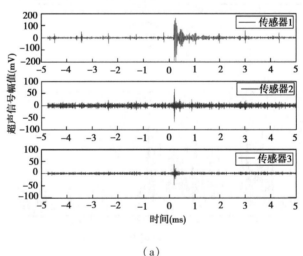

（a）

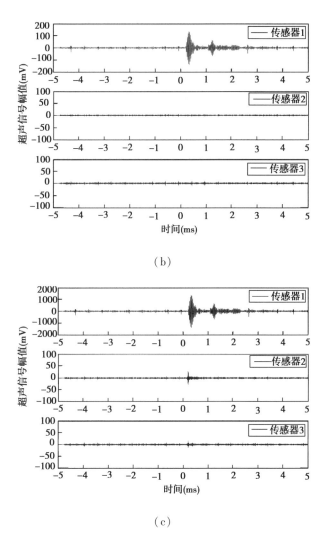

（b）

（c）

图 4.11　基于独立光电探测器的多频光纤 F-P 传感阵列所测得的局部放电超声信号

（a）油中金属尖端放电模型超声信号；（b）油纸绝缘气隙放电模型超声信号；

（c）油纸绝缘围屏放电模型超声信号

2）基于复用光电探测器的多频光纤 F-P 超声传感阵列

考虑到光电探测器对于多频光纤 F-P 传感阵列检测性能的重要性以及高性能光电探测器的成本问题，同时也为了减少光电探测器的数量、简化系统结构，构建了如图 4.12 所示的仅使用单个光电探测器的多频 F-P 超声传感阵列。

171

该多频 F-P 阵列所采用的光电检测器的型号为 2053 – FC-M,其内置了性能优越的可调带通滤波器,并且具有信号放大功能,可以方便地在面板上对其滤波通带以及信号放大倍数进行设置。本阵列中将其频率通带设置为了 10 ～ 300 kHz,增益因子设置为 300。阵列中三个光纤 F-P 传感器返回环形器中的干涉光经 3 × 1 光纤耦合器复耦合后送至同一个光电探测器。

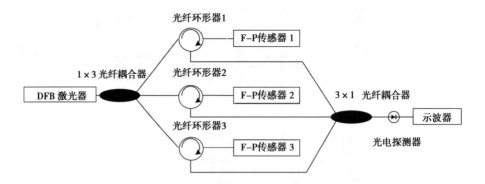

图 4.12　基于复用光电探测器的多频光纤 F-P 传感阵列示意图

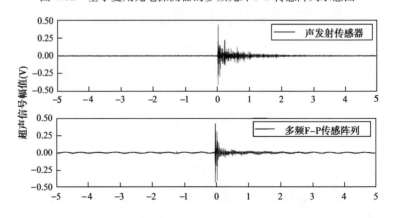

图 4.13　声发射传感器和多频 F-P 传感阵列(各探头距局放源的距离相同)
对油中金属尖端放电的响应

考虑到油中金属尖端放电模型的频率幅值分布较为丰富,基于油中金属尖端放电模型,对基于复用光电探测器的多频光纤 F-P 阵列的局部放电超声信号检测性能进行了测试。当三个 F-P 传感器探头平行并排放置时(与局部放电源的距离相同),阵列的检测结果如图 4.13 所示。此时阵列检测到的超声信号来自三个传感器检测信号的叠加,与声发射传感器 REF-VL 检测到的信号类似,包含了多个频带的信号分量。

为了能够在时域上正确分离阵列中由不同传感器检测到的超声信号以促进模式识别和局部放电定位,基于时分复用原理,将传感器布置在了与局放源间隔不同距离的位置。如图 4.14 所示,F-P 传感器探头 1、2、3 与局放源的间距分别为 130 mm、90 mm、50 mm,这样,通过声波到达光纤 F-P 传感器探头的时间差可以实现对基于复用光电探测器的多频光纤 F-P 传感阵列检测到的局部放电超声信号的有效分离。基于油中金属尖端放电模型,对基于复用光电探测器的多频光纤 F-P 阵列的局部放电超声信号检测性能进行了测试,结果如图 4.15 (a)所示。

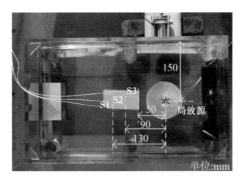

图 4.14　基于复用光电探测器的多频光纤 F-P 传感阵列中传感器的布置

为了更直观地比较基于复用光电探测器的多频光纤 F-P 阵列中不同中心频率 F-P 传感器所测得的超声信号在时间和频率上的分布差异,基于 S 变换原理,对多频光纤 F-P 传感阵列所测得超声信号的时频分布特征进行了求取。设 F-P 传感器所测得的局部放电超声时域信号为 $v(t)$,则对它的 S 变换定义如下:

$$S(\tau,f) = \int_{-\infty}^{+\infty} v(t)h(t-\tau,f)\mathrm{e}^{-\mathrm{j}2\pi ft}\mathrm{d}t \qquad (4.12)$$

式中,相位因子 $\mathrm{e}^{-\mathrm{j}2\pi ft}$ 可对连续小波变换(Continuous wavelet transform,CWT)的相位局部化进行相应处理,参数 τ 与 f 可对高斯时频窗口的时域位置与宽度进行相关设置。高斯时频窗口 $h(t-\tau,f)$ 可表示为:

$$h(t-\tau,f) = \frac{|f|}{\sqrt{2\pi}} e^{-\frac{f^2(t-\tau)^2}{2}} \qquad (4.13)$$

根据 STFT 可以推导得到 S 变换的离散形式为:

$$S\left[jT,\frac{n}{NT}\right] = \sum_{n=0}^{N-1} H\left[\frac{m+n}{NT}\right] e^{-\frac{2\pi^2 m^2}{n^2}} e^{\frac{i2\pi mj}{N}} \ n \neq 0 \qquad (4.14)$$

$$S[jT,0] = \frac{1}{N}\sum_{m=0}^{N-1} h\left[\frac{m}{NT}\right] n \ n = 0 \qquad (4.15)$$

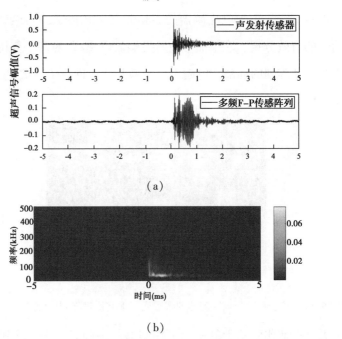

（a）

（b）

图 4.15　多频 F-P 传感阵列（各探头距局放源的距离不同）

测得的油中金属尖端放电超声信号

（a）声发射传感器和多频 F-P 传感阵列对油中金属尖端放电的响应；

（b）多频 F-P 传感阵列信号的时频分布（S 变换）

经 S 变换得到的多频 F-P 传感阵列信号的时频分布结果如图 4.15（b）所示。从图 4.15 可以看到,由于光电探测器 2053-FC-M 优越的光-电转换及降噪性能,多频 F-P 传感阵列测得的油中金属尖端放电超声信号的信噪比很高,且信号中出现了三个峰,从时频分布图中可以看出这三个峰所对应的信号分量频率依次降低,这与阵列中一阶共振频率依次减小的光纤 F-P 传感器探头 3、2、1 和局放源由近到远的布置情况是一致的。因此,基于复用光电探测器构建的多频光纤 F-P 传感阵列,通过阵列中传感器共振频率的梯次化设计提高局部放电整体检测灵敏度和准确性的同时,仍可获得超声波信号传播到阵列中不同传感器的时间,并不失阵列用于局部放电定位的基本属性。

4.3　马赫-增德尔干涉型光纤局放超声传感检测技术

4.3.1　马赫-增德尔干涉型光纤超声传感器的工作原理

马赫-增德尔(Mach-Zehnder)干涉型光纤超声传感器采用双光路干涉法,传统的马赫-增德尔干涉仪通常由两个 3 dB 光纤耦合器连接构成,两个耦合器分别用于光的耦合和复耦合,耦合器之间的两根光纤作为干涉臂。

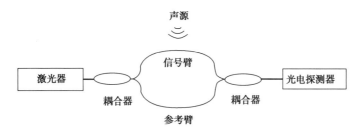

图 4.16　马赫-增德尔干涉型光纤超声传感器基本结构

如图 4.16 所示,当激光器发出的光被耦合器分成两束相干光后,一束进入参考臂作为参考光束,另一束进入信号臂作为传感光束。信号臂由光纤缠绕成圈,当局部放电所激发的超声波作用于信号臂时,声压作用会改变信号臂的折射率,使两臂中的相干光相位差发生变化,则探测器检测到的输出光强度会发

生相应改变,通过对输出光强的解调就能实现对局部放电的相应检测。输出光强 W 的表达式为:

$$W = \frac{W_0}{2}[1 + V\cos(\Delta\phi + \phi_0)] \tag{4.16}$$

式中,W_0 为激光源总功率,V 为干涉条纹可见度,ϕ_0 为初始相位差,$\Delta\phi$ 为相位差变化量。

通过长度为 L 的一段光纤的相位由下式给出:

$$\phi = \beta L = \frac{2\pi\eta_{eff}}{\lambda}L \tag{4.17}$$

式中,β 是传播常数,η_{eff} 是光纤的有效折射率,λ 是光波长。则相位差变化量 $\Delta\phi$ 为:

$$\Delta\phi = \beta\Delta L + L\Delta\beta = \Delta\phi_1 + \Delta\phi_2 \tag{4.18}$$

式中的第一项 $\Delta\phi_1$ 表示光纤轴向拉伸引起的相移,可由式计算得到:

$$\Delta\phi_1 = -\frac{\beta L}{E}(1 - 2\upsilon)\Delta P \tag{4.19}$$

式中,ν 是泊松比,E 是杨氏模量,ΔP 是声压变化量。

式中的第二项表示传输常数的变化,它取决于折射率(应变光学效应)和应变产生的光纤直径的变化。由于改变直径的影响被证明可以忽略不计,因此 $\Delta\phi_2$ 可以表示为:

$$\Delta\phi_2 = \frac{\beta L n^2}{2E}(1 - 2\upsilon)(p_{11} + 2p_{12})\Delta P \tag{4.20}$$

式中,p_{11} 和 p_{12} 表示应变光学张量。

将式(4.19)、式(4.20)代入式(4.18)中,计算可得:

$$\frac{\Delta\phi}{\phi P} = \frac{(1 - 2\upsilon)}{E}\left[\frac{n^2}{2}(p_{11} + 2p_{12}) - 1\right] \tag{4.21}$$

式中,$\Delta\phi/(\phi P)$ 称为归一化声相响应率(NR),单位为 Pa^{-1}。

176

4.3.2　马赫-增德尔干涉型光纤超声传感器在局部放电检测中的应用示例

用于变压器油中局部放电超声信号检测的马赫-增德尔干涉型光纤超声传感器均采用无芯轴的光纤环结构,这与光纤水听器的设计结构是截然不同的,主要原因是无芯轴的光纤环谐振频率较高,从而满足变压器局部放电的频率检测需求。Posada-Roman 等人设计了如图 4.17(a)所示的内径为 30 mm、宽度 5 mm 的无芯轴光纤环(传感光纤总长度为 17 m),并构建了基于全光纤马赫-增德尔干涉仪的零差解调方案,用于变压器油中的局部放电声检测,传感系统框图如图 4.17(b)所示。

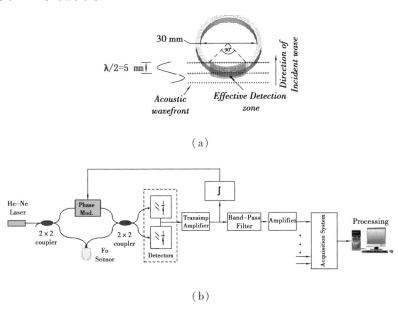

(a)

(b)

图 4.17　马赫-增德尔干涉型光纤超声传感系统图

(a)无芯轴光纤环;(b)全光纤马赫-增德尔干涉仪

在该方案中,使用氦-氖(633 nm)激光器作为相干光源,输出光强相位检测通过两个平衡光电探测器完成。差分跨阻放大器用于补偿平均光功率对每个光电探测器的影响,以提高 DC 零点配置的性能。零差解调用于将干涉仪工作点设置在最大灵敏度和准线性输出范围(- π/4 弧度至 π/4 弧度)的中间,并通过一个反馈回路完成的,该回路对误差信号进行积分,并通过一个相位调制器进行激励,该相位调制器连接到光纤参考臂,以补偿干涉仪上的温度漂移和其他低频干扰。这里实现的相位调制器能够在低于 200 Hz 频率下进行高达 50 π 弧度的补偿。此外,为了避免干扰信号衰减,还增设了对光偏振的控制。一旦光学相位被转换成电压信号,就可通过具有 150 kHz 谐振频率的带通滤波器对其进行调节,以便将马赫-增德尔干涉型光纤超声传感器的带宽调整到适用于局部放电检测,同时均衡用传感探头获得的频率响应,并减少变压器中其他声源产生的干扰(如巴克豪森噪声)。稳定的马赫-增德尔干涉型光纤超声传感器具有与光学相位变化成比例的电压输出:

$$V_s = 2I_0 \Delta\phi R \eta G_T G_F \qquad (4.22)$$

式中,I_0 是单个光电探测器的平均光功率;R 是光电探测器的响应度;η 是 0 到 1 之间的系数,由干涉的对比度决定;G_T 和 G_F 分别是差分跨阻放大器增益和带通滤波器增益。

研究者基于上述方案开展了在变压器油中的真实局部放电测试,并与压电传感器(R15i)的检测性能进行了对比。局部放电是由浸入油中的高压电极产生的;为了产生代表性局部放电,分别使用了两种不同类型的电极:用于模拟内部局部放电的平板电极和用于模拟表面局部放电的针平板电极。结果表明:基于马赫-增德尔干涉型光纤超声传感器具有合适的灵敏度和足够的分辨率来检测低至 1.3 Pa 的局部放电声压信号,且与压电传感器相比,光纤传感器的检测带宽更宽,产生的瞬态响应更短。

但目前马赫-增德尔干涉型光纤超声传感器存在以下亟待解决的问题:传感单元体积较大,对于高频超声波响应灵敏度低,适合于低频超声波感测;传感系统的参考臂和信号臂长度较长,对光纤固定要求高,须避免低频振动的影响;复用性差也是该传感系统的不足之一,需要进一步优化传感单元的结构设计。

4.4　迈克尔逊干涉型光纤局放超声传感检测技术

4.4.1　迈克尔逊干涉型光纤超声传感器的工作原理

迈克尔逊干涉型光纤超声传感器采用单耦合器,相比马赫-增德尔型的双耦合器而言具有更简单的结构。如图 4.18 所示,迈克尔逊干涉型光纤超声传感器采用窄带激光器作为光源,激光器发出的激光通过 2 × 2 光纤耦合器(50∶50)后进一步分成参考光束和传感光束,分别进入参考臂与信号臂。参考光束和传感光束传输到末端后,分别被两个 45 °的光纤法拉第旋转镜反射,反射光在光纤耦合器处发生干涉。

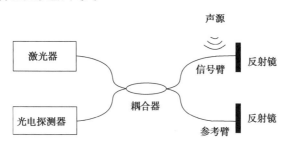

图 4.18　迈克尔逊干涉型光纤超声传感器基本结构

迈克尔逊干涉型光纤超声传感器的敏感元件是缠绕在圆柱线圈上的信号臂。当由局部放电产生的外部声振动信号施加到信号臂上时,信号臂中的光相位被声信号调制,从而使两臂之间的相位差改变,光干涉强度也发生改变,这样局部放电超声信号就可从光干涉信号中获得。为了降低噪声和提高灵敏度,系统中选用平衡光电探测器。根据 2 × 2 光耦合器的特点,两条光纤中的光强相等,两光束相位相差 180 °,平衡光电探测器可通过将两个光输入信号相减来充当平衡接收器,从而消除共模噪声,并实现对干扰噪声基底中微小声学振动变化的提取,以进一步提高声学检测的灵敏度。

迈克尔逊干涉型光纤超声传感器的输出光强可以表示为:

$$I = I_1 + I_2 + 2\sqrt{I_1 I_2} \cos(\phi_0 + \Delta\phi) \tag{4.23}$$

式中,I_1 和 I_2 分别表示在信号臂和参考臂中的传输光强($\mathrm{W/m^2}$),ϕ_0 是初始相位差(rad),$\Delta\phi$ 是传感圆柱线圈光纤上由声波引起的光学相位扰动总和(rad),可表示为:

$$\Delta\phi(t, \Omega, K) = \delta\beta_0 \cdot \frac{4\pi}{dK\cos\theta} \cdot \exp\left[i\Omega\left(t - \frac{l}{v_0}\right] \cdot r \cdot J_0(Kr\sin\theta) \cdot$$

$$\sin\left(\frac{Kh\cos\theta}{2}\right) \cdot P_{of}\mathrm{X} \tag{4.24}$$

式中,$\delta\beta_0$ 表示扰动峰值振幅的因子,与声压成正比;d 是光纤的直径;K 是波矢量的振幅:$K = \Omega/v_a$;v_a 是声波在光纤中的速度;θ 是声波的入射角;Ω 是角频率;t 是时间;l 是光纤的长度;v_0 是光纤中的光速;J_0 是零阶贝塞尔函数;r 是传感圆柱线圈的半径;h 是传感圆柱线圈的高度;P_{of} 是缠绕在圆柱线圈上的传感光纤所受的声波压力。

从上述式子可见,迈克尔逊干涉型光纤超声传感器包括灵敏度、检测极限和带宽在内的传感参数取决于圆柱线圈的材料和尺寸。此外,与马赫-增德尔干涉型光纤超声传感器相比,二者的工作原理大致相同,不同之处在于采用了反射型干涉结构。因此迈克尔逊干涉型光纤超声传感器也可通过优化反射镜的结构来获得更好的响应。

4.4.2 迈克尔逊干涉型光纤超声传感器在局部放电检测中的应用示例

作为传感头的光纤圆柱线圈是迈克尔逊干涉型超声传感系统的核心,它直接决定了传感系统的灵敏度。为了指导高灵敏度光纤线圈的设计,Guoming Ma 等人建立迈克尔逊超声传感系统响应灵敏度的仿真模型,用于分析光纤圆柱线圈的尺寸对迈克尔逊传感系统灵敏度的影响,并对传感头进行了优化。设计了一种高 5 mm、内径 10 mm 的光纤线圈(迈克尔逊超声传感系统中的传感头),光纤以线圈形式逐层缠绕,并在实际变压器油箱中对所设计的迈克尔逊超声传感系统中的传感头进行了局部放电性能检测实验。

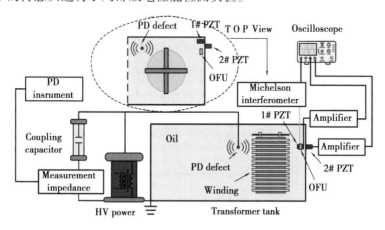

图 4.19　迈克尔逊超声传感系统性能测试实验图

实验设置如图 4.19 所示,变压器油箱的尺寸为 2 m × 1 m × 1 m,使用针 - 板放电模型产生局部放电,模型安装在绕组附近。圆柱形绕组的高为 500 mm,直径为 400 mm。所设计的迈克尔逊干涉型光纤超声传感头悬浮在油罐内壁附近的油中。压电传感器 1#PZT(型号为 Physical Acoustics Corp. R15α)被放置在变压器油中靠近迈克尔逊光纤传感器处,光纤传感头和 1#PZT 与局部放电模型之间的距离相似,约为 1 m;同一型号的另一个压电传感器 2#PZT 按照常见的现场安装方法固定在变压器油箱表面。压电超声传感外接放大器以放大压电传感器信号,提高检测灵敏度。使用示波器同时记录压电传感器的放大信号和迈克尔逊光纤超声传感器信号采用交流高压变压器对局部放电模型施加电压直到检测到局部放电,并且通过局部放电仪测量放电量。

当电压增加到 9.5 kV 时,迈克尔逊超声传感系统可以检测到清晰的信号,此时的平均放电量约为 25 pC。然而,PZT 系统直到施加的电压达到 12.1 kV,且平均放电量为 65 pC 时才检测到稳定的信号。因此,所提出的迈克尔逊超声传感系统的可检测局部放电初始电压比压电传感系统的低21.5%。且迈克尔逊传感系统的响应幅度远大于压电系统,当施加电压增加到15.2 kV时,在0.02 s内,迈克尔逊超声传感系统的最大响应幅度为1463.4 mV,1#PZT和2#PZT的响应幅度分别为922.2 mV和698.9 mV,迈克尔逊超声传感系统检测到信号幅值比压电传感器至少高58.7 %。灵敏度的提高使迈克尔逊超声传感系统成为检测电力变压器微小绝缘缺陷的潜在方法。

4.5　萨格纳克干涉型光纤局放超声传感检测技术

4.5.1　萨格纳克干涉型光纤超声传感器的工作原理

与前述两种本征型光纤超声传感器相比,萨格纳克(Sagnac)干涉型光纤超声传感器没有参考臂,其一般结构由光源、光纤回路、耦合器以及光电探测器组成。

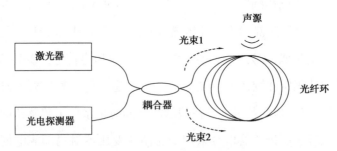

图4.20　萨格纳克干涉型光纤超声传感器基本结构

如图4.20所示,光源发出的光经过耦合器后被分成两束光,分别沿顺、逆时针方向传播后回到耦合器,最后被送至光电探测器。当萨格纳克传感器的光纤环在没有外界声压的作用时,两光束所经过的光路途径相同,光程差为零,这样光电探测器上就探测不到干涉光强的变化。但当有声压作用在传感光纤环时,根据萨格纳克效应,当干涉仪在光纤回路非中心点的某个位置上受到声音的作用时,由于顺逆两束光到达声源扰动位置的时间不同,两束光之间形成了相位差,这样光电探测器上就能够探测到干涉光强的变化,通过解调干涉光强可实现对声信号的检测。传感系统中选用平衡光电探测器将光信号转换为电信号,既能防止信号衰落,又能抵消共模噪声。

两束光完成其沿光纤环的传播之后,在光电探测器处相互干涉,输出干涉光强可表示为:

$$I_{\text{out}} = (E_{\text{cw}}^2 + E_{\text{ccw}}^2) + 2|E_{\text{cw}}||E_{\text{ccw}}|\cos(\Delta\phi + \Delta\phi_{\text{a}}(t)) \tag{4.25}$$

式中,E_{cw} 和 E_{ccw} 分别为沿顺时针和逆时针传播的光场;$\Delta\phi$ 是沿顺时针和逆时针传输的两束光之间的相位差;$\Delta\phi_{\text{a}}(t)$ 是作用在光纤环上的声学微扰引起的时变相位量。

4.5.2　萨格纳克干涉型光纤超声传感器在局部放电检测中的应用示例

Sen Qian 等人建立了一套萨格纳克干涉型光纤超声传感系统,并在长 960 mm、宽 820 mm、高 1 018 mm 的 50 kV 单相变压器中进行了局部放电性能测试实验。如图 4.21(a)所示,压电传感器(PZT)通过磁夹安装固定在变压器油箱外表面上,同时为提高声耦合效率,在油箱表面涂敷声偶联剂;萨格纳克光纤超声传感器(OFS)的主要敏感元件——光纤环,被布置在绕组顶部;使用耦合电容单元(型号为 LDM-5,Doble Engineering)采集电信号作为参考;使用针-板放电模型局部放电源(PD),针-板间距为 5 mm,不锈钢针电极直径为 1 mm,曲率半径为 5 μm;绕组通过将铜箔包裹在铜线上制成的,缠绕层共 5 层,总宽度 8 cm,油道宽度为 1 cm。

依次将局放源放置在绕组外的变压器油中,如图 4.21(b)所示,从局放源到 OFS 和 PZT 的距离约为 15 cm;放置在绕组内的第三个油管中,深度约为 3 cm,如图 4.21(c)所示,使用压电传感器与萨格纳克型超声传感器对局部放电超声信号进行捕获。实验结果表明,萨格纳克型超声传感器和压电传感器均能有效检测绕组外部的声发射,但安装在变压器内部的萨格纳克型超声传感器对绕组内部产生的局部放电声发射比安装在变压器外部的压电传感器具有更高的灵敏度。定量分析了二者对于 20 ~ 200 kHz 超声信号的灵敏度,发现压电传感器仅在局部放电源位于绕组外部,且所激发超声信号频率在 130 ~ 160 kHz 范围内时检测性能才优于萨格纳克型超声传感器,而当局部放电源位于绕组内侧时,萨格纳克型超声传感器在 20 ~ 200 kHz 的频率范围内的性能绝对优于压电传感器。由此可见,萨格纳克型超声传感器可以有效地扩大传统方法无法检测到的局部放电声发射的检测范围。

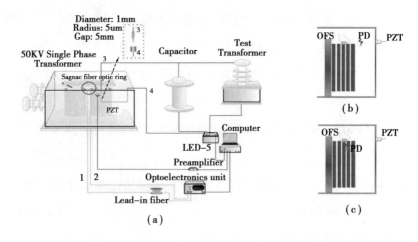

图 4.21 萨格纳克型超声传感器局放实验布置图

4.6 法拉第旋光型光纤局放电流传感检测技术

4.6.1 法拉第旋光型光纤电流传感器的工作原理

当一束线偏振光在介质(晶体或光纤玻璃)中传播时,其偏振面在外磁场作用下发生旋转,旋转的角度与磁场强度大小、在磁光材料中光与磁场发生作用的长度以及介质特性、光源波长、外界温度等有关,这种现象称为法拉第(Faraday)旋光效应,它实际上反映了具有磁矩的物质与光波之间的相互作用。Faraday 和 Verdet 提出了旋光效应经验公式用于计算法拉第偏转角 θ:

$$\theta = VLH_i \tag{4.26}$$

式中,H_i 为作用在介质上的磁场强度;V 为 Verdet 常数,表示介质的磁旋光能力,通常由实验测得;L 为光程,即线偏振光在光纤中通过的距离。

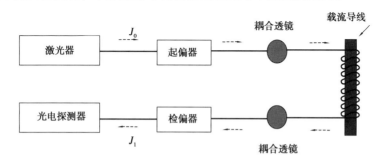

图 4.22　法拉第旋光型光纤电流传感器基本结构

图 4.22 给出了法拉第旋光型光纤电流传感器的基本结构,激光器发出的输入光强度为 J_0,输入光经过起偏器后成为线偏振光,通过耦合透镜耦合,再经过传输光纤到达位于高压导线的传感光纤环。通电导体在周围空间产生磁场,光纤环上的传感光纤中产生磁光效应,线偏光的光波偏振面发生旋转,经过耦合透镜进入检偏器,检偏器输出光强度为 J_1,之后传输至光电探测器进行信号处理。为使检偏器出射偏振光的光强最大,通常将起偏器与检偏器的夹角设定为 45°或 135°。

当光路如图 4.22 中所示环绕电流导体时,根据安培环路定理和法拉第磁光效应,法拉第旋转角又可以表示为:

$$\theta = V\oint H_i \mathrm{d}l = VNI \tag{4.27}$$

式中,N 为传感光纤绕被测通电导体的圈数;I 为被测电流,单位为 A;l 为偏振光沿磁场方向的积分路径。

因此,通过测量偏转角的大小 θ 即可计算得到通电导体上的电流 I,但该偏转角并不可直接测得,需通过测量偏振光光强来实现,通常使用琼斯矢量法进行运算求解。

法拉第旋光型光纤电流传感器的输出偏转角是磁光效应引起的非互易圆双折射和互易圆双折射与线性双折射的叠加影响。考虑互易圆双折射和线性双折射的磁光效应琼斯矩阵 $\boldsymbol{T}_F$ 可表示为:

$$T_F = \begin{pmatrix} \cos\dfrac{\varphi_0}{2} - i\dfrac{\delta}{\varphi_0}\sin\dfrac{\varphi_0}{2} & -2\dfrac{(\theta+\rho)}{\varphi_0}\sin\dfrac{\varphi_0}{2} \\[4mm] 2\dfrac{(\theta+\rho)}{\varphi_0}\sin\dfrac{\varphi_0}{2} & \cos\dfrac{\varphi_0}{2} + i\dfrac{\delta}{\varphi_0}\sin\dfrac{\varphi_0}{2} \end{pmatrix} \quad (4.28)$$

式中,$\varphi_0^2 = \delta^2 + 4\eta^2 = \delta^2 + 4(\theta+\rho)^2$;$\delta$ 为传感光纤中的线性双折射;η 为互易圆双折射 ρ 和非互易圆双折射 θ 之和;φ_0 为总相位差。

起偏器与检偏器的夹角设定为 45°,令入射偏振光的琼斯矩阵 $\boldsymbol{E}_0$ 为:

$$E_0 = \begin{bmatrix} 1 \\ 1 \end{bmatrix} \quad (4.29)$$

故法拉第旋光型光纤电流传感器的传输矩阵 $\boldsymbol{T}$ 为:

$$T = T_F \cdot T_F \cdot E_0 \quad (4.30)$$

归一化输出光强 J_1 可以表示为:

$$J_1 = -4\theta\frac{\sin 2\varphi_0}{2\varphi_0} - 4\rho\frac{\sin 2\varphi_0}{2\varphi_0} \quad (4.31)$$

4.6.2 法拉第旋光型光纤电流传感器在局部放电检测中的应用示例

司马文霞等人[86]针对当前全光纤电流传感器难以同时兼顾宽频测量和宽温区适应性的难题,针对法拉第旋光型光纤电流传感器的基本结构进行相应改进,如图 4.23 所示。在传感光纤几何中点处耦合了 1 个 90°的法拉第旋光器的直通式光路结构,并采用双线绕法将传感光纤绕制在环形骨架上,构成对称型传感器

186

结构,其余部分保持不变。采用琼斯矩阵建立了该结构的理论模型,并通过磁场和光场耦合对该传感器结构降低环境敏感性的传感机理进行了分析。改进后的结构由于采用了双线绕法,传感光纤前半段和后半段经历了相同的外界环境干扰,在相同位置的同一干扰对在前半段传感光纤传输的偏振光产生的互易性相位差和在后半段传感光纤传输的偏振光产生的互易性相位差可以相互抵消。此外,法拉第旋光器的引入减少了传感系统的线性双折射影响,最终只保留含有法拉第磁光效应产生的非互易相位差,提高了对环境变化的抗干扰能力。

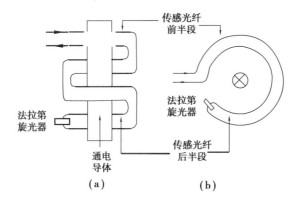

图 4.23　改进后的法拉第旋光型光纤电流传感器结构

(a)光纤环结构;(b)侧面图

通过试验测试改进后的法拉第旋光型光纤电流传感器的频率特性和温度特性。结果表明,该传感器具有良好的频率特性:10 Hz ~ 10 kHz 频响试验的幅值误差不超过 2.3%,相移小于 2 °;3 kA 标准 8 / 20 μs 雷电冲击电流响应试验的误差小于 2.1%,波形相似度为 0.9971,表明有效频带可覆盖至标准雷电流。温度试验表明,该结构可显著降低传感器的温度敏感性,在 −20 ~ 60 ℃范围内的误差小于 4.3%(传统基本结构为 29%),能够满足电网暂稳态电流实时感知的要求。

4.7 小 结

光学信号受电磁波干扰影响很小,并且光学系统绝缘性能良好,不存在过电压问题,适合高压及特高压电力设备的在线监测。不过,将光纤伸入到变压器或者其他高压电力设备内部目前仍旧是运行单位不允许的,但这类研究为光纤传感检测技术在局部放电检测中的应用开辟了一条新的思路。相信在不远的将来,随着相关研究的不断成熟,结合光纤传感检测技术的超声检测方法与电流检测方法将成为局部放电检测的重要辅助手段。

第 **5** 章
光纤振动传感检测技术

5.1 电力设备振动

现如今,电力已经成为我国国民经济中一大重要的支撑行业。我国电力系统发展迅速,在电网规模、系统的总容量和系统的自动化智能化程度也得到了增加。电力系统中电气设备的安全运行非常重要,首先设备本身是电力系统中的贵重资产并消耗大量维护费用,同时设备的故障也会引起巨大的经济损失。

电气设备的振动信号[87-92]包含了诸多设备状态信息,是设备运行状态好坏的重要标志,一般可以检测电气设备的振动获取设备的状态信息,提前判断电气设备运行状态,对可能发生的故障进行预防,进而减少电网事故的发生,增强电力设备运行可靠性。振动检测的基础是研究和分析电气设备的振动特性。

目前主要的电气设备振动研究是针对变压器等静止电力设备的振动研究和发电机等旋转电力设备的振动研究。虽然不同的电力设备的振动产生机理有一定的差异,故障的振动特征也有所不同,但其振动特性的研究方法具有一定的类似性,下面针对典型的电力设备变压器进行振动特性分析。

电力变压器是电网中的核心设备,变压器的安全稳定运行是确保电网可靠运行的关键。相关数据表明,随着经济的快速发展,电网系统的容量不断增加,在一段大型公共电力设施中,电网子传输网或者主传输网中电压等级在几十千伏到几百千伏的变压器的数量可达几百甚至上千台,一台大型变压器的更换成本甚至可达几百万美元,更换周期也长,若事故发生对电网的影响极为巨大,因此保证变压器运行安全或提前预知隐患的发生对电网安全极为重要。

变压器的振动[93]主要由变压器本体的振动和冷却装置振动组成,冷却系统的振动,譬如散热风机油泵这些装置的振动,其频率基本都分布在 100 Hz 以下,而本体振动一般振动频率都是 100 Hz,或者是处在 100 Hz 的倍频分量上。

本体振动可以分为绕组振动和铁芯振动。绕组振动是由负载电流流过绕组时产生电磁力相互作用导致的,由毕奥-萨伐尔定律易知其与绕组电流的平方成正比,当发生出口段路故障时,绕组电流增大,绕组间的电磁力会发生改变,其振动状态也会随之改变。铁芯振动与励磁电压的平方成正比,绕组振动与绕组电流的平方成正比,这也是其振动频谱分量为 100 Hz(两倍电源频率)的原因。铁芯振动主要是由磁致伸缩效应引起,即由于磁化状态使铁芯的尺寸在某个方向发生变化引起的振动,其所受到的电磁力与变压器的励磁电压的平方成正比,引起铁芯振动的原因还有铁芯硅钢叠片之间的缝隙漏磁产生的电磁吸引力引起的铁芯振动、铁芯的漏磁与变压器箱体之间的电磁吸引力作用等,不过这两种引起变压器铁芯振动的方式可以随着铁芯的制造工艺的发展可以逐渐被忽略。

变压器的相关振动会在变压器内部相互传递,通过变压器绝缘油或者一些内部结构连接件,传递至油箱壁表面,其振动传播途径如图 5.1 所示,变压器绕组产生的振动会经变压器绝缘油传递至油箱,同时固定在铁芯上的绕组产生的振动也会通过传递至铁芯表面。而铁芯振动主要通过变压器绝缘油及垫脚和紧固螺栓等结构件向变压器箱体表面传递,冷却系统的振动也会通过支撑单元传递至变压器油箱表面。因此一般可以通过相应的振动传感器获取变压器油箱壁的振动信息并加以分析进而评估变压器的振动状态。

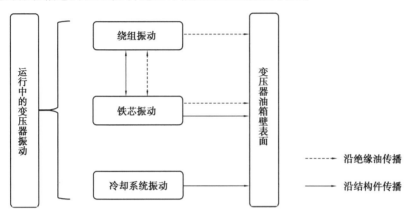

图 5.1　变压器振动传播途径

国外自 20 世纪六七十年代已经开始针对变压器绕组状态进行相关研究,Watts G. B. 等人[94]通过研究分析,给出了在轴向短路力的作用下变压器绕组的动态特性理论方程及对应的数学解,研究人员在当时也根据绕组的相关特性提出了一种基于弹簧-质量块模型的理论绕组振动分析模型,之后 Y. Hori 等人[95]对该模型进行优化,最终形成了现在变压器绕组振动状态理论分析中常用的模型。该模型将变压器绕组线饼视为质量块,将金属线和垫块视为弹簧,用一个集中阻尼表示垫块和变压器油的阻力作用,建立了对应的动力学方程:

$$M \frac{\mathrm{d}^2 x}{\mathrm{d}t^2} + C \frac{\mathrm{d}x}{\mathrm{d}t} + Kx = F + Mg \tag{5.1}$$

式中,M 为变压器绕组线饼的质量矩阵;x 为变压器绕组线饼的位移矩阵;C 为集中阻尼矩阵;K 为弹簧的刚度系数;F 为洛伦兹力矩阵;g 为重力加速度。此模型由于做了一定的简化处理,因此在反映绕组线饼之间的材料差异或者形态差异时具有一定的局限,但通过此模型可以有效掌握变压器在不同的松紧状况下的振动特性,为分析变压器绕组松动时其表面振动信号的变化提供理论依据。

随着计算机技术的应用逐渐成熟,各类仿真分析软件给变压器绕组这种多物理场分析的情况提供了另一条有效的思路。Nagata T 等人利用有限元分析的方法估算了绕组的稳态响应特性,得到了与实测结果相吻合的计算结果,实现了对变压器绕组振动更精确的估量。利用软件建模分析的方法掌握变压器绕组的振动规律,建立变压器绕组在负载电流流过时产生电磁力相互作用的动态方程,借助有限元分析软件,可以分析探究变压器绕组在不同负载电流下或不同松紧状况下绕组振动特性的变化。此种方法虽然因为有限元的近似性在理论上存在误差且需要在仿真后做实践探究实验,但可以分析得出诸多譬如变压器绕组固有频率、阻尼比等有效的分析数据,获取的振动特性数据也较理论优化模型更为精确。

国内对变压器绕组振动特性的研究大概在 20 世纪八九十年代才开始,基本是在弹簧质量块模型和有限元分析模型的基础上进行改进和优化或者提出新的结论思想。汲胜昌等人[96]在弹簧-质量块模型基础上建立了对应的等效数学模型,针对稳定运行时变压器的振动特性进行研究,分析了该状态下振动位移、速度、加速度的数学表达形式并给出了绕组固有频率的理论计算方式,这为振动法在变压器在线检测提供了一个至关重要的依据。

刘薇等人[97]以实验和建模仿真为基础,建立变压器绕组分析模型并分析出变压器绕组的振动特性,通过检测油箱表面的振动信号,发现变压器绕组振动的频率信号主要为 100 Hz,200 ~ 400 Hz 也有少量分布,1 000 Hz 频率以外分布基本为零,证明了变压器绕组的振动是低频振动,且振动加速度量级极小,故障状况下加速度不超过 0.15 g。同时,变压器绕组的预紧力变化会影响绕组的固有频率,谐振现象会产生极大的动力,影响线圈的紧固程度,避免发生谐振现象。

192

大量基于振动检测的变压器绕组状态监测技术的理论研究,为振动法在变压器故障诊断方面的应用提供了诸多理论依据。曹辰等研究人员以一台 S11-M-500/35 型油浸式配电变压器为研究对象,建立了一个变压器三维仿真模型,分析出随着绕组预紧力减小,其振动加速度会显著增大,进一步为通过监测油箱体振动加速度的变化判断绕组的紧固程度,确定其变压器绕组状态提供了依据。

相关振动特性的试验研究也表明,基于振动信号总谐波畸变率可进行绕组状态检测。BARTOLETTI C. 等研究者对新出厂、已使用和有隐患的三台同型号的配电变压器进行了空载和短路试验,振动信号的频谱分析结果表明:隐患变压器的振动信号谐波含量最高。马宏忠等人分析变压器箱体的振动信号的特点,结合大量实验发现,除了基频分量能够反映变压器状态以外,箱体检测的 50 Hz 分量及其部分倍频分量甚至基频的倍频分量均可实现故障检测,该研究为实现变压器绕组振动检测提供了更多选择。

获取振动信号后,需要对获取的振动信号进行处理才能较为精确地掌握变压器绕组的运行状态。目前普遍应用的分析方法有频谱分析方法、能量分析方法和稳定性分析方法。

频谱分析方法是利用变压器振动信号频谱普遍分布在 100 Hz 及其倍频分量上的特点,当变压器绕组出现隐患时其频谱分量的改变来监测其特性。例如 Yoon J. T. 等研究人员利用频谱分析的方法建立了变压器绕组健康指标,为变压器故障检测提供了一种有效的方法。能量分析方法是通过分析变压器绕组机械机构变化引起的能量变化进而确定绕组状态。例如王春宇等人对正常和故障状态下的变压器绕组进行多次测量,得到其振动信号,利用提出的小波－高低频包络谱能量分布提取出振动信号的特征,进而判断绕组是否处于故障状态。稳定性分析方法通过对比故障变压器与正常运行变压器绕组的某振动参量的改变量分析判断绕组状态。例如 Linan R. 等人提出一种检测变压器早期故障的概率振动模型,利用人工智能算法推理,在线估计变压器故障概率,确定变压器状态。

电气设备的振动特性研究表明,可以分析相关电气的振动特性,根据其特征量的变化实现故障检测,对确保变压器的安全运行具有举足轻重的意义。目前变压器绕组振动模型已经较为完善,绕组振动与其他相关参量的定性研究也较为具体,但对于相关参量的利用并将其应用于实际的变压器绕组振动状态检测方面还需要更多的发展,现在所应用的方法均有一定的复杂性,绕组故障检测是逆向判断问题,不同的结构损坏也可能导致油箱壁获取的振动信号发生变化,所以需要寻求更为准确的绕组故障判断方式。同时现有大多绕组判断方法均为电学量判断,这种判断方法可能会因为实际运行过程中的变压器电学参量的影响对检测产生影响,因此寻求一种非电学检测方式也是现今需要解决的问题之一,本章接下来讲以变压器绕组振动测量为例,提供一种基于悬臂梁式的光纤光栅振动传感检测方法。

5.2 悬臂梁式光纤光栅振动传感检测技术

5.2.1 悬臂梁式光纤光栅振动传感器的工作原理

变压器绕组振动主要是以 100 Hz 为主要频谱分量的低频振动,选用光纤光栅型悬臂梁式振动加速度传感器在测量此类低频振动信号时具有独特的优势。考虑到单悬臂梁结构端部易产生较大的挠度和转角,其抗扭能力较差,因此采用双悬臂结构改良其抗扭性能,当在双梁端部同样施加一定外力时,其端部近似平动,其抗扭刚度大幅提高,与同尺寸单悬臂梁相比,双悬臂梁结构的弯矩增大一倍,这样的特性可以显著提高变压器振动加速度传感器的横向抗干扰能力及结构稳定性,设计的双悬臂梁式结构如图5.2 所示。

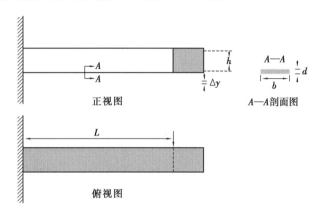

图 5.2　双悬臂梁式结构示意图

悬臂梁端部是质量为 m 的质量块,同时起到承重和将两悬臂梁连接在一起的作用,两悬臂梁左边末端采用固定约束,悬臂梁梁长为 L,两悬臂梁的梁间距为 h,梁宽为 b,梁厚为 d,其中 $d \ll h$。

对该双悬臂梁式结构进行力学分析,探究其在加速度稳定的持续竖直振动信号作用下该结构端部挠度变化及梁表面最大轴向应变情况。分析过程中假设该结构上下两悬臂梁和质量块的材料完全相同且均匀,其端部受力分析如图5.3 所示。

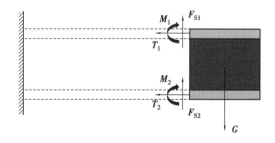

图 5.3　双悬臂梁式结构受力分析图

可以得到悬臂梁端部表面轴向应变与振动信号的加速度的关系:

$$\varepsilon = \frac{3Lm}{2Ebd^2}a \qquad (5.2)$$

以及 FBG 反射谱的中心波长对振动加速度的响应灵敏度 K_a：

$$K_a = \frac{3Lm\eta(1-p_c)}{2Ebd^2}\lambda_B \tag{5.3}$$

同时，也可以获得该双悬臂梁结构的一阶谐振频率为：

$$f_1 = \frac{1}{2\pi}\sqrt{\frac{2Ebd^3}{m_{\text{eff}}L^3}} \tag{5.4}$$

变压器长时间工作时其表面温度会发生变化，温度和加速度产生的 FBG 轴向应变会对反射谱的中心波长产生交叉敏感作用，因此用作变压器绕组状态监测的光纤光栅振动传感器必须考虑温度补偿结构。考虑到双 FBG 可以实现二维参量测量，因此可以考虑使用双 FBG 实现温度补偿。如图 5.4 所示，FBG1 采用两点式封装被固定在悬臂梁上与常规悬臂梁式 FBG 振动加速度传感器一致进行测量，FBG1 会受到振动产生的加速度引起轴向应变和温度变化共同导致的中心波长偏移，此时在同一根单模光纤上复用一根与 FBG1 中心波长一致的 FBG2，FBG2 保持松动状态，即 FBG2 不受应变作用，仅受温度变化导致的中心波长偏移，且所受温度变化与 FBG1 相同，可得

$$\begin{cases} \Delta\lambda_{\text{B1}} = K_{a1}\Delta a + K_{T1}\Delta T \\ \Delta\lambda_{\text{B2}} = K_{a2}\cdot 0 + K_{T2}\Delta T \end{cases} \tag{5.5}$$

即

$$\Delta a = \frac{1}{K_{a1}}\Delta\lambda_{\text{B1}} - \frac{K_{T1}}{K_{a1}\cdot K_{T2}}\Delta\lambda_{\text{B2}} \tag{5.6}$$

定义 $\dfrac{1}{K_{a1}}$ 为 FBG1 灵敏度即 k_{a1}，$-\dfrac{K_{T1}}{K_{a1}\cdot K_{T2}}$ 为 FBG2 灵敏度即 k_{a2}，则

$$\Delta a = k_{a1}\Delta\lambda_{\text{B1}} + k_{a2}\Delta\lambda_{\text{B2}} \tag{5.7}$$

此时可通过监测 FBG1 和 FBG2 的中心波长变化即可实现变压器绕组振动加速度测量。

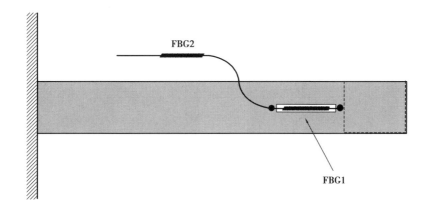

图 5.4　双 FBG 复用式双悬臂梁结构式 FBG 变压器振动传感器结构示意图

5.2.2　悬臂梁式光纤光栅振动传感器的制备与性能测试

选用 FBG 型号为 FBG202000901QQ,中心波长为 1 532. 881 nm,带宽为 0. 226 nm,边模抑制比为 15 dB,栅区长度为 10 mm,剥纤长度为 12 ~ 15 mm,反射率为 92. 92%,尾纤长度为 2 m + 2 m。用光纤切割机和光纤熔接机将所选用的光纤光栅与带有 FC 接口光纤跳线熔接。

接下来制作双悬臂梁增敏结构,为保证双悬臂梁结构参数足够精确,选用激光切割仪器获得双悬臂梁结构的实物模型。将熔接好的光纤封装于双悬臂梁的矩形孔间,为保证光纤封装稳固,同时不致引起包层材料塑化变脆折断光纤,固定点的黏合剂选用紫外固化胶,其他金属连接点选用 502 胶粘贴,封装时尽量保证光栅部分完全悬空且处于两封装点中间,如图 5.5(a)所示,将封装好的结构件组装至对应尺寸的不锈钢外壳内,其中外壳内有一尺寸为 10 mm ×5 mm 的矩形凸起,方便与双悬臂梁结构上尺寸为 8 mm ×5mm 的固定凸起匹配。最终设计的双悬臂梁式 FBG 变压器绕组振动加速度传感器制作成品(图片不包括外壳上方护盖)如图 5.5(b)所示。

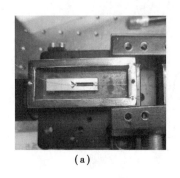

（a）　　　　　　　　　　　（b）

图 5.5　FBG 封装及结构组装图

（a）光纤的封装;（b）传感器成品

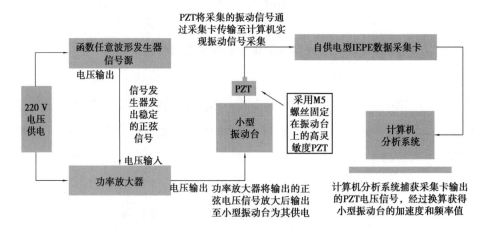

图 5.6　变压器绕组振动加速度模拟实验平台结构示意图

将制作好的光纤光栅变压器振动加速度传感器通过尾部 FC 接口与光纤光栅解调仪 CH_4 光通道相连,光纤光栅解调仪与计算机相连接,显示解调后获得的光纤中心波长变化,当传感器检测到来自振动信号源的振动信号后,中心波长会发生变化,通过比较中心波长差的变化建立其与加速度变化的关系,进而实现光纤光栅变压器绕组振动加速度传感解调,建立如图 5.6 所示系统完成其性能测试。

首先需要获得所设计传感器光纤光栅的中心波长,通过宽带光源、环形器和光谱分析仪等设备可以获得所设计传感器光纤光栅的中心波长。宽带光源发出的光经三端口光纤环形器输入端口进入末端连接有光纤光栅变压器绕组振动加速度传感器的输出端,光经过传感器内光纤光栅后,大部分光反射回光纤环形器的反射端口,反射端口与校正过的光谱分析仪相连接,获取的光纤光栅变压器绕组振动加速度传感器反射光谱如图 5.7 所示,得到其中心波长为1 532.964 nm。当外界参量发生变化时,光纤光栅的布拉格波长随之变化,图中光纤光栅反射光谱的峰值点及中心波长点会随之左右偏移,测量在不同加速度下中心波长的最大偏移差即可实现外界振动加速度解调。

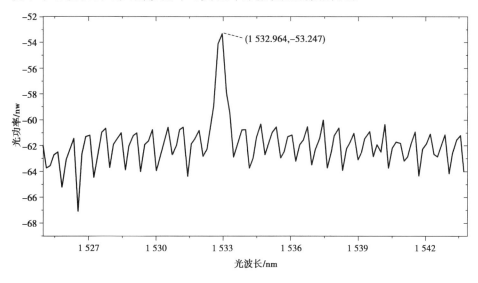

图 5.7　光纤光栅变压器绕组振动加速度传感器反射光谱

线性响应特性是确定传感器是否失真的重要判断依据。由于变压器绕组振动加速度一般量级很小,即使在故障状况下也不超过 0.15 g,同时变压器实际振动信号频谱一般在 100 Hz,这里便取 100 Hz 下几个电压点测量其在不同加速度输入信号作用下的线性响应特性,分别取振动台输入电压为 5 V、10 V、12 V、15 V、18 V、20 V 时的振动,即振动加速度大小分别为 0.092 64 g、0.184 27 g、0.218 81 g、0.276 13 g、0.324 68 g、0.357 16 g 时测量每个加速度条件下,通过计算机获得的解调仪捕捉的实时光波长数据。通过处理波长数据可以获得每种加速度下对应的中心波长最大偏移量分别为 7 pm、9.7 pm、11 pm、

13.3 pm、15.7 pm、16.7 pm,将获得的中心波长差数据与对应的加速度值拟合,其拟合曲线如图5.8(a)所示,计算得到其线性相关度为0.991 24,拟合曲线斜率即100 Hz频率下的中心波长差振动加速度灵敏度为37.813 43 pm/g。

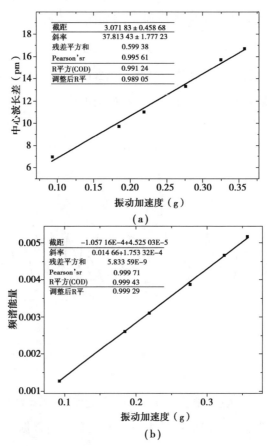

图5.8　100 Hz下光纤光栅变压器绕组振动加速度传感器的线性响应特性

（a）中心波长差对加速度拟合曲线；(b)频谱信号幅值对加速度拟合曲线

通过分析波长数据的FFT频谱振幅信号我们可以发现,所设计的光纤光栅变压器振动加速度传感器可以精确捕捉到100 Hz的频率信号,随着振动加速度的提高,其信号强度也在逐渐提升,对应加速度情况下可以获得其100 Hz频谱下的振幅信号分别为0.001 27 pm、0.002 6 pm、0.003 1 pm、0.003 88 pm、

0.004 66 pm、0.005 17 pm。该信号幅值可以反映该频谱下的振动加速度信号
对中心波长差的变化,同时由于其是对波长信号的捕捉处理,可以更为精确地
量化从波形数据图中无法直接观察出的某一特定频率对中心波长偏移量的影
响。将获得的波长信号幅值数据与对应的加速度值进行拟合,拟合曲线如图 5.
8(b)所示,计算得到其线性相关度为 0.999 71,拟合曲线斜率为 0.014 66,即
100 Hz 频率下的振幅信号加速度灵敏度为 0.014 66 pm/g。

为测得该光纤光栅变压器绕组振动加速度传感器的频率响应曲线,需要确
定每一频率下对应的加速度灵敏度,在 0 ~ 210 Hz 频率区间内每隔 10 Hz 取一
个样本点,其中在预估的谐振频率点周围每隔 2 ~ 5 Hz 取一个样本点,为保证
与标定的振动台振动加速度匹配减少计算误差,每个样本频率下依然选取外界
加速度为 0.092 64 g、0.184 27 g、0.276 13 g、0.357 16 g 时通过线性拟合计算每
一频率下中心波长差的振动加速度灵敏度,将所有获得的传感器振动加速度灵
敏度值汇总,制成对应的频率响应曲线如图 5.9 所示。

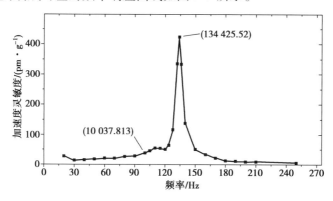

图 5.9　光纤光栅变压器振动加速度传感器频率响应特性曲线

该传感器的一阶谐振频率为 134 Hz,谐振点处中心波长变化对振动加速度
最为灵敏,由图 5.9 可以看出在 0.357 16 g 加速度作用下其最大中心波长差
133.5 pm,计算可得其最大振动加速度灵敏度可达 425.52 pm/g。不过在所标
定范围内,该传感器不存在绝对的平坦区间,但由于变压器绕组振动加速度频
谱分量一般集中在 100 Hz,对于单点频率测量该传感器可以满足测量要求,在
100 Hz 频率时该传感器的振动加速度灵敏度为 37.813 pm/g。整体上看该传感

器在 0 ~ 210 Hz 频率范围内振动加速度灵敏度的线性相关性均大于 98.9%，在 250 Hz 时其线性度不高已经无法实现准确测量。频率响应曲线表明，该传感器在谐振频率点及周围频率下对振动加速度表现灵敏，同时大于谐振频率点处灵敏度衰减剧烈，应用性远小于低于谐振频率点的区间。

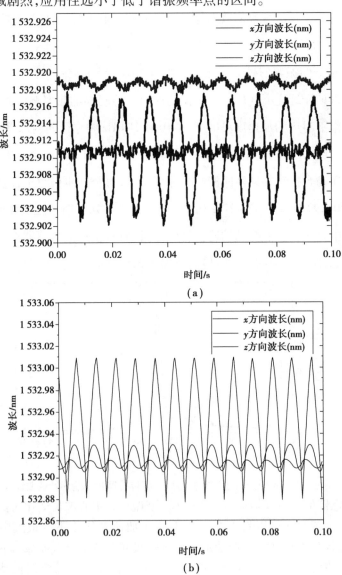

图 5.10　光纤光栅变压器振动加速度传感器的方向抗干扰特性

(a)100 Hz 频率下方向抗干扰特性 ;(b)134 Hz 频率下方向抗干扰特性

由于双悬臂梁式结构更为稳定,其他方向上的交叉灵敏度应该远小于 x 方向上的灵敏度,或者可以明显区分。现将传感器旋转 90°分别测量其横向(y 方向)和纵向(z 方向)的灵敏度,测量时选用的频率为 100 Hz 和该传感器谐振时的频率 134 Hz,外界振动台施加的振动加速度均为 0.357 16 g,测量在不同方向上的实时光波长数据,测量结果如图 5.10 所示。从图 5.10(a)中发现 100 Hz 频率下,x 方向的最大中心波长差为 16.7 pm,y 方向的最大中心波长差为 2.9 pm,z 方向的最大中心波长差为 2.8 pm,交叉灵敏度小于 17.4%;谐振频率 134 Hz频率下,x 方向的最大中心波长差为 133.5 pm,y 方向的最大中心波长差为 26 pm,z 方向的最大中心波长差为 9.4 pm,交叉灵敏度小于 19.5%,如图 5.10(b)所示。两种情况下,分析其中心波长差与竖直方向上(x 方向)的差异,其他方向上波长变化与 x 方向的波长变化区分明显。

5.2.3　悬臂梁式光纤光栅振动传感器在变压器绕组振动测试中的应用

针对实际情况下变压器绕组的振动加速度进行检测,此处仅针对正常运行时的变压器绕组振动加速度信号进行检测,由于变压器绕组松动时其振动加速度会增大,若能检测到正常状况下的变压器绕组振动的极微小加速度信号,故障信号也必然可以被传感器检测到。

实验所用测试变压器的额定容量 400 kVA,额定电流 23 A,高压侧 380 kV,低压侧 10 kV,变压器空载运行,传感器安装在变压器绕组上方的绝缘木上,如图 5.11 所示。逐渐增加测试变压器高压侧电压,取加压过程中三种不同情形,分别测得状态 1、状态 2、状态 3 的实时波长数据如图 5.12(a)—(c)所示,同时用高灵敏度压电式加速度传感器测得三种情形下变压器绕组的振动加速度分别为 0.013 5 g、0.016 6 g、0.019 0 g,将该加速度作为实际值。利用 FFT 对采集的实时波长进行处理,分析其频谱信号在 100 Hz 处的振幅,得到频谱信号如图 5.12(a)—(c)所示。

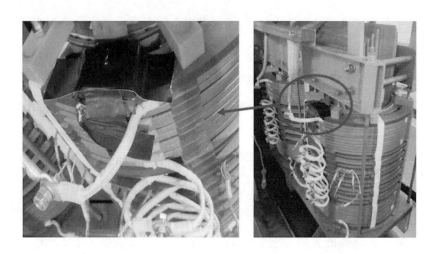

图 5.11　传感器在变压器中的安装位置及局部放大示意图

从图 5.12 可以看出，三种情况下均准确捕捉到了运行时变压器绕组振动产生的 100Hz 频谱分量的振动加速度信号，从图中可以得到对应的 100 Hz 处对应的信号幅值分别为 0.000 115 4 pm、0.000 127 0 pm、0.000 165 4 pm，代入传感器标定时测得的 100 Hz 频率下的振动信号加速度灵敏度（0.014 66 pm/g），算得三种情形下变压器绕组振动加速度测量值分别为 0.014 7 g、0.015 4 g、0.018 1 g，将测量值与实际值比较，其测量误差分别为 8.89%、7.23%、4.74%。

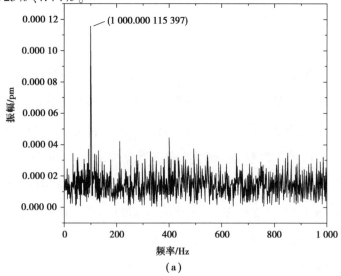

(a)

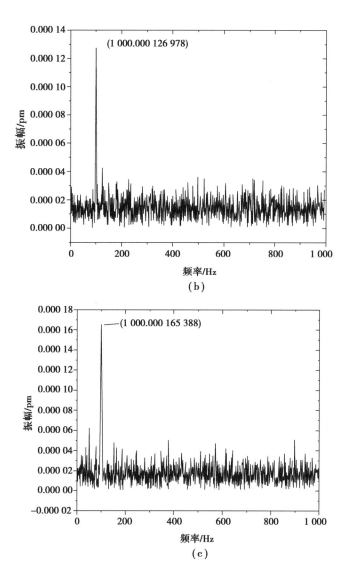

图 5.12　波长信号的 FFT 频谱分析图

（a）状态 1 FFT 频谱信号图；（b）状态 2 FFT 频谱信号图；（c）状态 3 FFT 频谱信号图

5.3 输电线路导线舞动检测技术

5.3.1 输电线路导线舞动机理

导线舞动[98-99]是指风对偏心覆冰导线产生的一种低频、大振幅的自激振动现象。其振动频率通常为0.1 ~ 3 Hz,振幅约为导线直径的5 ~ 300 倍。舞动致使输电线路机械和电气性能急剧下降,易引起相间闪络、金具及绝缘子损坏、导线断股断线、杆塔螺栓松动脱落、塔材损伤甚至倒塔等严重事故,会造成重大的经济损失和社会影响。我国是世界上导线舞动多发区之一。导线舞动的成因主要有三种,即导线覆冰的影响;风激励的影响和线路结构及参数的影响。

舞动多发生在覆冰雪导线上,覆冰厚度一般为2.5 ~ 48 mm。导线上形成覆冰须具备3 个条件:空气湿度大,一般90% ~ 95% ,干雪不易凝结在导线上,雨凇、冻雨或雨夹雪是导线覆冰常见的气候条件;温度一般为 -5 ~ 0 ℃ ,温度过高或过低均不利于导线覆冰;空气中水滴运动的风速一般大于1 m/s。

要形成舞动,除覆冰因素外,舞动还须有稳定的层流风激励。舞动风速范围一般4 ~ 20 m/s,且当主导风向与导线走向夹角大于45°时,导线易产生舞动,且该夹角越接近90°,舞动的可能性越大。因此,在四周无屏蔽物的开阔地带或山谷风口,能使均匀的风持续吹向导线,这些地区易发生舞动。

就舞动发生的机理,不合理的线路结构参数组合容易引起线路舞动。统计资料表明,分裂导线比单导线容易舞动。单导线覆冰时,由于扭转刚度小,在偏心覆冰作用下导线易发生很大扭转,使覆冰接近圆形;而分裂导线覆冰时,由于间隔棒的作用,每根子导线的相对扭转刚度比单导线大得多,在偏心覆冰作用下,导线的扭转极其微小,不能阻止导线覆冰的不对称性,导线覆冰易形成翼形断面。因此,对于分裂导线,由风激励产生的升力和扭矩远大于单导线。对于 500 kV 超高压输电线路,多采用四分裂导线甚至多分裂导线,较易发生舞动。统计资料表明,导线舞动在我国大部分 500 kV 输电线路中均发生过,由舞动引起的事故占 500 kV 输电线路事故总数的 23.5%。

大截面导线比小截面易舞动。大截面导线的相对扭转刚度比小截面大,在偏心覆冰作用下扭转角要小,导线覆冰更易形成翼形断面,在风激励作用下,产生的升力和扭矩要大些。

关于档距大小与舞动间的关系,目前存在两种观点:一是短档距的扭振和横向固有频率比长档距高,不易在低频带发生耦合谐振,可通过缩短档距来防止舞动;二是对同样的导线,短档距的相对扭转刚度比长档距大,迎风面覆冰时扭转角小,更易形成翼形覆冰,在相同风激励作用下,升力、扭矩要大些,更易于舞动。从相关导线舞动档距分布统计看,档距大小与舞动尚无明确关系。

导线舞动与线路运行电压等级无明显关系,不论电压高低,只要外部气象条件和导线的力学参数相适应就会发生舞动。实际舞动中个别电压等级的线路舞动条数较多,这可能与舞动区已有各种电压等级的线路条数有关。

自 20 世纪 30 年代起,国外学者[100-102]开始对导线舞动进行了大量的试验和理论研究,提出了 Den Hartog 垂直舞动理论、O. Nigol 扭转舞动理论等。

Den Hartog 垂直舞动理论认为,当风吹向覆冰所致非圆截面时会产生升、阻力,只有当升力曲线斜率的负值大于阻力时,导线截面动力不稳定,舞动才能发展。Den Hartog 理论的数学描述为:

$$\frac{\partial C_L}{\partial \alpha} + C_D < 0 \qquad (5.8)$$

式中,C_L、C_D 分别为导线气动升力和阻力系数;α 为偏心覆冰导线迎风攻角。

Den Hartog 垂直舞动理论仅考虑了偏心覆冰导线在风激励下的空气动力特

性,忽略了导线扭转的影响。试验表明,导线舞动也会发生在升力曲线正、负斜率区域,这种现象不能用该理论解释。

O. Nigol 扭转舞动理论认为,舞动是由导线自激扭转引起。当覆冰导线的空气动力扭转阻尼为负且大于导线的固有扭转阻尼时,扭转运动成为自激振动,其振动频率由覆冰导线的等效扭转刚度和极惯性质量矩决定;当扭转振动频率接近垂直或水平振动频率时,横向运动受耦合力的激励产生一交变力,在此力作用下导线发生大幅度的舞动。该理论的数学描述为:

$$(1 + \frac{\theta_k v}{A\omega_k})\frac{\partial C_L}{\partial \alpha} + C_D\alpha_0 < 0 \tag{5.9}$$

式中,θ_k 和 ω_k 分别为导线第 k 阶扭转振动的振幅和角频率;v 为与线路走向垂直的水平风速;α_0 为偏心覆冰导线初迎风攻角。

O. Nigol 扭转舞动理论考虑了偏心覆冰导线在风激励下的空气动力特性及导线扭转的影响,这是对舞动理论的重要补充和发展。但该理论不能解决薄、无覆冰舞动等现象问题。

5.3.2 电力电缆及架空输电线路舞动/振动监测

电力电缆是电力传输的重要载体,人为因素和自然灾害会造成电缆线路故障,影响电力电网建设效能的发挥。因此,应用科学手段实现对电力电缆的电缆故障进行检测和定位、及时提醒线路维护人员提前采取预防措施显得十分紧迫和必要。

2013 年,上海理工大学周正仙等人搭建了基于分布式光纤振动传感检测技术的电缆故障定位系统,如图 5.13 所示,整体系统由高压电缆放电试验系统、分布式光纤振动传感系统及综合平台软件组成。

系统通过分布式光纤振动传感系统监测来自于高压电缆上方的振动信号,

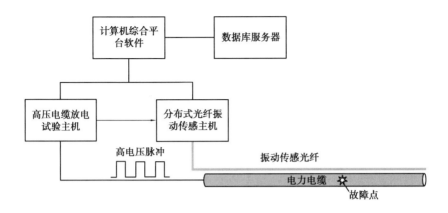

图 5.13　基于分布式光纤振动传感检测技术的电缆故障定位系统

通过振动信号来分析判断故障点的位置。当高压电缆放电试验系统对高压电缆发出高压脉冲信号时,同时会向分布式光纤振动传感系统发出一个上升沿或下降沿信号,以作标记信号。分布式光纤振动传感系统根据高压电缆放电试验主机给脉冲同步信号进行振动信号采集,实时监测高压电缆振动情况,并将监测到振动信号保存到数据库中。高压电缆放电试验系统放电结束后,由综合平台对分布式光纤振动传感系统采集到的振动信号进行分析,并结合高压电缆放电试验系统放电脉冲情况,综合分析对故障点进行定位,并在软件界面显示整段监测光缆的波形图、故障点位置。系统数据库中保存测量的振动信号和放电信号的历史数据,并绘制成报表,由用户选择查看。

测试验证系统选取 110 kV 电缆 300 m,在电缆上 100 m、200 m 和 300 m 位置分别模拟放电信号,用该系统来探测电缆的放电信号及其位置。图 5.14 为系统在电缆上 100 m、200 m 处探测到的振动信号,从图中分析得出,系统能准确探测到电缆故障放电时产生的振动信号,并能准确定位故障信号发生位置。

2017 年,南京大学的刘品一等人建立了基于 BOTDR 的架空输电线路缆线覆冰舞动动态监测和预测方案,通过振动获得缆线受到风激励后的振动信息,反映舞动和剧烈天气变化两种事件;实时监测缆线振动的固有频率判断是否发生舞动事件;通过对比晴好天气和剧烈天气变化的频谱推断覆冰事件。在内蒙古武川超高压变电站将此系统接入 OPGW 光缆,对光缆沿线进行振动及应变监测。

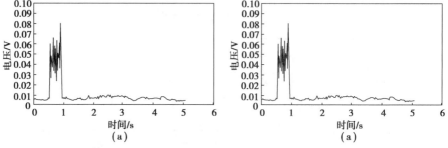

图 5.14　系统在电缆上 100 m、200 m 处探测到的振动信号

缆线最低点只承受水平张力,故图中谷值点对应档内缆线最低点,谷值即档内水平张力。档内缆线任一点应力为水平张力及垂直张力的合力,由此可得到档内缆线任一点垂直张力,垂直张力等于该点到缆线最低点之间缆线的载荷,覆冰使缆线载荷增加,通过监测载荷分布随时间的变化可以评估缆线覆冰的区域及覆冰量。选取 11 月 25 日前后时间内的数据进行应力监测。从图5.15中看出,发生舞动与应力变化发生在同一时间段,然而在此段时间内,可以看到光缆受到的应力与其他区域相比略变大,但是没有达到阈值。对于这种情况,推测有两种可能性:一是覆冰量没有达到预警值;二是由于每段光纤留有少量余长。因此,导致光纤受到的应力相对于输电线更小。

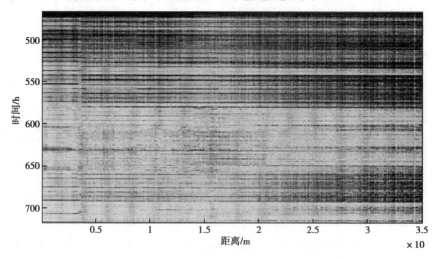

图 5.15　对光缆沿线进行振动及应变监测

第 **6** 章
光纤应力/应变传感检测技术

随着经济的快速发展,电网系统的容量不断增加,电力设备事故发生率越来越高,一部分抗短路能力不强的设备将因为增加的短路容量造成越来越大的损失。在发生出口短路故障时,电力设备要同时承受电动力和机械力的作用,长期累积作用下,设备本身会产生松动及变形,随着冲击次数的不断累加,其变形程度也在不断增加,甚至可能出现轴向和径向尺寸的变化,器身位移、扭曲、鼓包等问题,给电力设备带来诸如机械性能下降、局部放电、累积效应加剧等故障或隐患,进而影响电网的正常运行。因此,检测电力设备应力/应变状态变化从而尽早发现可能出现的故障对确保电网的安全运行具有举足轻重的意义。

传感器是决定振动信号检测效果的关键,与传统传感器相比,光纤传感器具有抗电磁干扰、耐腐蚀且体积小易于安装的特点,适合测量变压器绕组、发电机定子等地方的应变和振动。

6.1 光纤光栅型光纤应力传感检测技术

6.1.1 光纤光栅型应力应变传感器传感检测原理

近年来,光纤光栅[103-107]作为一种新型的光纤器件,在传感应用方面受到了普遍的关注,随着研究的深入和应用的需要,人们也制作出了不同结构的光纤光栅,主要可以分为均匀周期光纤光栅和非均匀周期光纤光栅两类,其本质区别是折射率分布的不同。

均匀光纤光栅的光学周期沿轴向保持不变,主要有光纤布拉格光栅、长周期光纤光栅和倾斜光纤光栅。光纤布拉格光栅(FBG)[108]是最早发展也是应用最广泛的一种光栅。此类光栅的栅格周期一般为 500 nm 左右,光栅波矢方向与光纤的轴向一致。这种光栅具有较窄的反射谱和较高的反射率,其反射带宽和反射率可以根据需要,通过改变写入条件加以控制。该光栅具有结构简单、温度和应变灵敏度良好的特性,应用广泛。长周期光纤光栅(LPFG)是指栅格周期达到几百微米的均匀周期光纤光栅,是一种透射型光纤光栅,其作用是将特定波长的光耦合到包层中损耗掉,从而在透射谱中形成宽带损耗峰,因此它是一种理想的掺铒光纤放大器(EDFA)的增益平坦原件。此外长周期光纤光栅的透射损耗峰会因外界的应变和温度等因素的影响而改变,而且与光纤布拉格光栅光栅相比具有更高的灵敏度,可作为一种理想的传感元件。倾斜光纤光栅(TFG)又称为闪耀光纤光栅,其光栅的周期与折射率调制深度为常数,但光栅的波矢方向与光栅的轴线方向不一致,具有一定的夹角。此类光栅不但可以产生反向波导模耦合,而且将基模耦合到包层中损耗掉。利用其包层模耦合形成的宽带损耗特性,可以用作掺铒光纤放大器的增益平坦,而且当光栅法线与光纤轴向夹角较小时,还可以用作空间模式耦合器[109]。

　　非均匀光纤光栅[110]的栅格周期沿光纤轴向不均匀或者折射率调制深度不为常数,主要有啁啾光纤光栅、高斯变迹光栅、相移光纤光栅和取样光纤光栅。啁啾光纤光栅(CFG)的栅格间距不是常数,而是沿着光纤轴向变化的,由于不同的栅格周期对应不同的反射波长,所以啁啾光纤光栅可以产生较宽的反射谱。常用的啁啾光栅是线性光纤啁啾光栅,该光栅可以产生较大的反射带宽和稳定的色散,因此被广泛应用于光纤通信领域,也可以用作宽带滤波器和 FBG解调系统。相移光纤光栅(PSFG)是在均匀周期光栅的某些位置发生相位跳变,以此改变光谱的分布。相移的作用是在相应的反射谱中产生一个缺口,缺口的位置由相移的大小决定,缺口的深度由相移在光栅轴向位置决定,越靠近光栅的中部,缺口的深度越大,当相移位于光栅的正中间时缺口深度最大,可以用于制作窄带通滤波器。变迹光纤光栅(AFG)是指光纤光栅的折射率调制深度沿光纤轴向为一定的变迹函数,常用的变迹函数有高斯函数、升余弦函数和双曲正切函数等。该类光纤光栅对均匀光栅的反射谱边模振荡具有很强的抑制作用,选择不同的变迹函数能起到不同的抑制效果。取样光纤光栅(SFG)也叫做超结构光纤光栅,其折射率调制不是连续的,而是周期性间断的,相当于在FBG 的折射率正弦调制上加上方波型的包络函数,也可以看作由多个 FBG 串联等间距而成。这种光栅的反射谱具有多个反射峰,可作为梳状滤波器,在光纤通信领域应用广泛。

　　光纤光栅在光传感领域应用的代表器件是光纤布拉格光栅(光纤布拉格光栅),它是一种新型波长选择型的光无源器件,利用光纤的光敏性在光纤线芯中制备的折射率永久性变化结构实现传感。光纤线芯在光栅区域对沿轴向入射的光信号的折射率进行周期性调制,如图 6.1 所示,栅区在纤芯内类似于一个反射镜,满足布拉格光栅波长条件的光被反射,其余波长的光被透射后沿纤芯继续传播。此时若外界参数使得光栅区域的相关参数改变,如其栅格周期或者线芯折射率等的改变会导致反射光信号的改变,基于此可以建立光纤光栅参数与外界参量的关系实现对外界参量的测量。

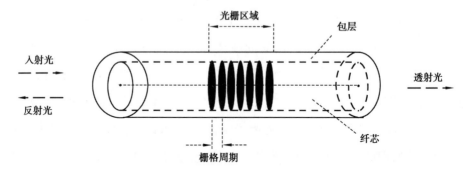

图 6.1　光纤布拉格光栅结构示意图

由宽带光源发出的光经纤芯沿轴向射入光纤光栅,满足中心波长的光被反射回来形成反射谱,其他光通过光纤光栅形成透射谱。光纤布拉格光栅(FBG)反射谱中心波长 λ_B 的表达式为:

$$\lambda_B = 2n_{eff}\Lambda \tag{6.1}$$

式中,n_{eff} 为光纤线芯的有效折射率;Λ 是光栅的栅格周期。当外界环境作用时,两者会发生变化,导致中心波长发生漂移,检测漂移量则可以检测外界参量的变化。

光纤布拉格光栅的中心波长对温度和应变同时敏感:温度变化时,热光效应会引起光纤光栅的纤芯有效折射率的变化,热膨胀效应会引起光栅区域的栅格周期的变化,当温度升高时,会导致光纤布拉格光栅的 n_{eff} 和 Λ 增大,进而导致其中心波长增大,即:

$$\frac{\partial \lambda_B}{\partial T} = 2\frac{\partial n_{eff}}{\partial T}\Lambda + 2\frac{\partial \Lambda}{\partial T}n_{eff} \tag{6.2}$$

外界轴向应力变化时,即光纤布拉格光栅受不同程度的轴向拉伸时,光纤光栅的栅格周期自然会随着拉伸或压缩而变化,同时 n_{eff} 也会由于弹光效应而发生变化,当轴向应力增加时,光纤布拉格光栅的 n_{eff} 和 Λ 同样增大,同样导致反射谱中心波长增大,即:

$$\frac{\partial \lambda_B}{\partial \varepsilon} = 2 \frac{\partial n_{\text{eff}}}{\partial \varepsilon} \Lambda + 2 \frac{\partial \Lambda}{\partial \varepsilon} n_{\text{eff}} \tag{6.3}$$

两者共同作用对中心波长差的影响为 n_{eff} 和 Λ 混合变化结果：

$$\frac{\partial^2 \lambda_B}{\partial T \cdot \partial \varepsilon} = 2 \frac{\partial^2 n_{\text{eff}}}{\partial T \cdot \partial \varepsilon} \Lambda + 2 \frac{\partial n_{\text{eff}}}{\partial T} \cdot \frac{\partial \Lambda}{\partial \varepsilon} + 2 \frac{\partial^2 \Lambda}{\partial T \cdot \partial \varepsilon} n_{\text{eff}} + 2 \frac{\partial \Lambda}{\partial T} \cdot \frac{\partial n_{\text{eff}}}{\partial \varepsilon} \tag{6.4}$$

当光纤光栅测量外界振动量时，光纤受到的轴向拉伸应力会随着外界振动使中心波长产生周期性的偏移，通过观测收集振动过程中反射谱中心波长的最大波长偏移差的变化，与对应振动加速度建立数学关系即可实现振动量的传感测量。由式（6.2）、式（6.3）、式（6.4），温度和应变对中心波长差变化的作用可以表示为：

$$\Delta \lambda_B = K_a \Delta a + K_T \Delta T \tag{6.5}$$

式中，K_a 和 K_T 分别为光纤布拉格光栅的加速度灵敏度和温度灵敏度，且有：

$$\begin{bmatrix} K_a \\ K_T \end{bmatrix} = \lambda_B \begin{bmatrix} m(1-p_c) \\ \alpha + \xi \end{bmatrix} \tag{6.6}$$

式中，p_c 为光纤的弹光系数；α 和 ξ 分别为光栅的热光系数和热膨胀系数；m 为加速度参量转化系数。

基于以上特性，光纤布拉格光栅可以实现应变、位移、温度、振动等物理量的测量，这里主要讨论其应变特性的测量。由式（6.3）分析，当光纤产生应变时，光纤光栅的栅距和折射率发生变化，引起后向反射光波长移动，因此有：

$$\frac{\Delta \lambda_B}{\lambda_B} = \frac{\Delta \Lambda}{\Lambda} + \frac{\Delta n_{\text{eff}}}{n_{\text{eff}}} \tag{6.7}$$

式中，Δn_{eff} 是折射率变化；$\Delta \Lambda$ 是栅格周期变化。

研究人员推导出了光纤产生应变时的折射率变化：

$$\frac{\Delta n_{\text{eff}}}{n_{\text{eff}}} = -\frac{1}{2} n_{\text{eff}}^2 \left[(1-\mu) P_{12} - \mu P_{11} \right] \varepsilon = -P \varepsilon \tag{6.8}$$

其中

$$P = \frac{1}{2} n_{\text{eff}}^2 \left[(1-\mu) P_{12} - \mu P_{11} \right] \tag{6.9}$$

215

式中,ε 是轴向应变;μ 是泊松比。例如,对于典型的石英光纤:$n = 1.46$,$\mu = 0.16$,$P_{11} = 0.12$,$P_{12} = 0.27$,则 $P = 0.22$。假设

$$\frac{\Delta\Lambda}{\Lambda} = \frac{\Delta L}{L} = \varepsilon \qquad (6.10)$$

则式(6.7)可以改写成

$$\frac{\Delta\Lambda}{\Lambda} = (1 - P)\varepsilon = 0.78\varepsilon \qquad (6.11)$$

这就是光纤光栅应变测量的一般公式,也是裸光纤光栅应变测量的计算公式。

常规的光纤光栅应变传感器会为光纤光栅区域设置一定的增敏结构,例如包括悬臂梁和简支梁的梁式结构、膜片式结构、埋入式结构等。

6.1.2　光纤光栅型应力应变传感器应用实例

余乐文[111]等人设计了一种基于梁式结构的拉杆式光纤光栅应变传感器,其主要结构有主壳体、悬臂梁、拉杆、压杆底座、光纤和铠装接头等组成,如图6.2所示。

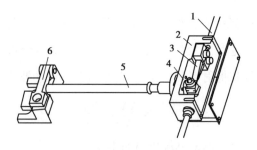

图6.2　一种拉杆式光纤光栅应变传感器

1—铠装接头;2—主壳体;3—悬臂梁;4—光纤;5—拉杆;6—拉杆底座

该传感器的封装过程主要为:首先将光纤装在悬臂梁的锥形孔中,并在锥形孔里涂上适量的黄油,将悬臂梁固定到主壳体上,用螺栓拧紧;其次将拉杆1固定到悬臂梁上,保证拉杆的轴线与悬臂梁的固定安装面垂直,并用螺栓拧紧;

然后将铠装接头安装到主体上面,将后盖用螺钉安装到主壳体上;最后将底座压盖安装到底座的槽内,用销子将底座和底座压盖安装在一起,使拉杆与底座连接在一起。

　　准备好标定装置,负载从零至满量程加载,每隔 2 kg 一个间隔,每个载荷点保留 10 s 左右的读数时间,重复测量三次,其波长与应变值拟合曲线如图 6.3 所示,可以看到应变系数为 1 pm/με,具有很高的灵敏度,相关系数达 0.944 以上。

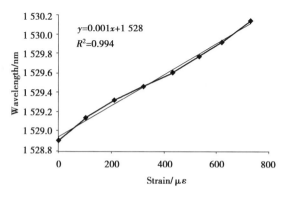

图 6.3　波长和应变关系图

　　类似的,相关基片式光纤光栅传感器和埋入式光纤光栅传感器的研究也有不少[112],如图 6.4 所示。图 6.4(a)采用"U"形连接结构,在与常规基片式结构尺寸相同的情况下大幅提升了应变灵敏度,达 463 με/N,是一般结构的 3.4 倍。图 6.4(b)设计了一种利用膜片结构特性造成 FBG 啁啾的光纤光栅应变传感器,该传感器不仅可以实现应力应变测量,同时也可以实现温度测量。

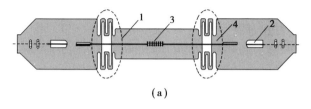

(a)

1—应变传感器的增敏结构;2—光纤;

3—光纤光栅;4—光纤光栅的固定点

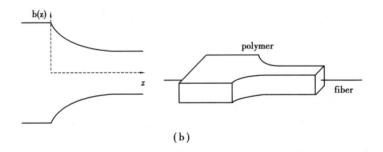

（b）

图 6.4　其他结构的光纤光栅应变传感器

（a）一种基片式增敏结构的光纤光栅应变传感器；

（b）一种埋入式增敏结构的光纤光栅应变传感器

6.2　瑞利散射型光纤应力传感检测技术

6.2.1　基于瑞利散射的应力传感检测技术原理

基于瑞利散射[113-115]的分布式光纤应力传感检测技术比较常见的是利用相敏光时域反射计 φ-OTDR 原理进行参量的传感。φ-OTDR 技术基于光时域反射技术（OTDR）定位精度高和光干涉技术灵敏度高的特点,适用于电缆、光缆的防外破监测和电力设备振动监测等方面。

6.2.1.1　OTDR 原理

OTDR 技术,于 1976 年由 M. K. Barnoski 和 S. M. Jensen 首次提出。后经过不断研究改进,其基本结构如图 6.5 所示。光源一般采用连续光源调制成的脉冲光,脉冲光经过光环行器,从 2 口进入传感光纤;当脉冲光在传感光纤当中传播时,光脉冲范围内会不断产生后向瑞利散射光;散射光沿着光纤原路返回,从2口进入光环行器并从3口出被光探测器所接收。

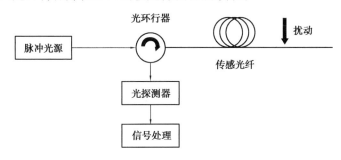

图 6.5 OTDR 技术基本结构

设传感光纤全长为 L，其内共有 N 个散射点，每两个散射点之间的距离相等为 ΔL，假设光脉冲进入传感光纤的起始时间是 t_0，到达第 1 个散射点的时间为 $t_0 + \Delta t$，入射光在第 1 个散射点处产生的散射光返回到光纤入口的时间为 $t_0 + 2\Delta t$；到达第 i 个散射点的时间为 $t_0 + i\Delta t$，第 i 个散射点产生的散射光返回光纤入口的时间为 $t_0 + 2i\Delta t$。假设传感光纤入口到光探测器的距离忽略不计，探测器从 t_0 时刻开始接收光信号，则在 $t_0 + 2i\Delta t$ 时刻接收到的散射光信号反映的是光纤上 $i\Delta L$ 位置处的情况，其中 $\Delta L = v\Delta t$，v 为光纤中光的传播速度。因此可以将探测器不同时刻接收到的光信号与传感光纤各位置情况一一对应，实现光纤线路各点损耗情况的检测。光纤中某点处瑞利散射光功率 P_{RS} 可表示为：

$$P_{RS} = P_0 e^{-\alpha l} S \alpha_R \tau \frac{v}{2} \tag{6.12}$$

式中，P_0 为入射光脉冲的峰值功率；l 为散射点与光纤起始位置的距离；α 为光纤衰减系数，α_R 是瑞利散射损耗系数，不同光纤的系数有所差异，一般为 0.1 ~ 0.15 dB/km；τ 是光脉冲的脉冲宽度；v 为光纤中光的传播速度；S 为后向瑞利散射的捕获因子，$S = (\lambda/2\pi nr)^2$；λ 为入射光波长；n 为光纤纤芯折射率；r 为光纤的模场半径。

当散射光返回光纤起始位置时，其光功率衰减可表示为：

$$P_R(l) = P_{RS}(l) e^{-\alpha l} = P_0 e^{-2\alpha l} S \alpha_R \tau \frac{v}{2} \tag{6.13}$$

后向瑞利散射光的强度还受到光纤中的断裂、弯折、连接头等影响,这些因素会造成光的反射和衰减,影响后方的入射光功率 P_0 的大小,因此 OTDR 技术常用于光纤链路衰减检测与故障诊断。

6.2.1.2 φ-OTDR 原理

φ-OTDR 系统的基本结构与普通 OTDR 系统大致相同,主要区别在于 φ-OTDR 系统使用窄线宽激光器作为光源,因此光脉冲范围内不同散射点产生的后向瑞利散射光仍具有很高的相干性,φ-OTDR 系统接收到的光信号就是这些瑞利散射光相干叠加的结果。当外界有扰动作用于传感光纤上时,作用点处的光纤折射率会产生改变,导致光在其中传输光程的变化,进而使得光相位发生改变。由于光的干涉结果对于光相位的敏感性,即使是微小的扰动也可引起散射光干涉结果明显的变化,因此 φ-OTDR 系统可以实现振动、声波等扰动的探测,典型的 φ-OTDR 外差干涉检测系统如图 6.6 所示。

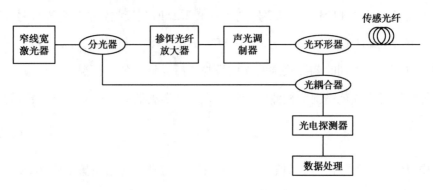

图 6.6　典型的 φ-OTDR 外差干涉检测系统

窄线宽激光器发出的光经过分光器后分为两束光强不同的激光,一束较强光经声光调制器进行脉冲调制和移频产生频移光脉冲,然后通过环形器进入待测光纤,光脉冲在传感光纤中的后向散射光与经过耦合器的另一束较弱光发生干涉,最后经光电检测器得到拍频信号,送至解调系统进行数据处理解调。

设脉冲发射周期为 T,在 t 时刻,待测光纤某一位置 z 处的后向散射光的光

场 $E(z,t)$ 可以表示为：

$$E(z,t) = A(z)\exp\left[j\omega t + j\Phi_v(z,t) + j\Phi_0(z,t)\right] \quad (6.14)$$

式中：$t = kT + 2zn/c$，$k = 1,2,3,\cdots$，c 为真空中的光速；ω 为探测光脉冲的角频率；$\Phi_v(z,t)$ 为 t 时刻 z 处的振动变化引起的相位改变；$\Phi_0(z)$ 为信号的初始相位。

本振信号的光场可以表示为：

$$E_{Lo}(z,t) = A_{Lo}(z)\exp\left[j(\omega + \omega_{shift})t + \varphi_{noise}\right] \quad (6.15)$$

式中，$A_{Lo}(z)$ 为本振光的振幅；ω_{shift} 为 AOM 调制后产生的频移；φ_{noise} 为信号的相位噪声。两束光在光耦合器处干涉后，平衡光探测器探测到的拍频信号 $I(z,t)$ 可以表示为：

$$I(z,t) = A_{Lo}(z)A(z)\cos\left[\omega_{shift}t + \Phi_v(z,t) + \Phi_0(z) + \varphi_{noise}\right] \quad (6.16)$$

可以通过解调相位来还原外界振动信号 $\Phi_v(z,t)$。

6.2.2 基于瑞利散射的应力传感检测技术系统性能分析

6.2.2.1 灵敏度

φ-OTDR 分布式振动传感系统中，系统的灵敏度反映了其对于振动扰动的响应能力，灵敏度越高就能够响应越微弱的扰动。决定 φ-OTDR 传感系统灵敏度最为关键的因素就是光源的线宽，光源的线宽越窄，散射光之间的干涉现象越明显，对于外界扰动引发的散射光相位变化就越敏感，系统就具有更高的灵敏度。通常 OTDR 系统所采用光源的线宽为几 GHz 到几 THz，而 φ-OTDR 系统所采用的光源线宽应窄至 kHz 量级或以内。

6.2.2.2 空间分辨率

对于传感光纤上两个相邻的扰动点，系统能够将它们分辨为两个点的最小距离即为系统的空间分辨率。φ-OTDR 系统的空间分辨率主要与入射光脉冲宽度和数据采集卡的采样速率有关。由于系统所接收到的光信号是半个光脉冲范围内后向瑞利散射光相互干涉的结果,因此系统无法分辨出半个光脉冲宽度所对应空间长度内的两个扰动点,对应空间分辨率为 $c\tau/2n$。采集卡采集的信号数据为离散的采样点,采样点的间隔时间也对应着空间分辨率,其值为采样速率的倒数,假设采集卡采样速率为 f_s,对应空间分辨率为 $c/2nf_s$。系统的实际空间分辨率取两者中的较大值。

因此,若想提高系统的空间分辨率,可以通过缩短光脉冲的宽度或是提高数据采集卡的采样速率来实现,但需要同时考虑到两者的均衡。

6.2.2.3　频响范围

φ-OTDR 系统对于光纤某位置处的扰动信号测量是通过比较不同周期光脉冲在该处引起的散射光信号实现的,因此光脉冲的重复频率越高,系统可测量的频率越高。但为了防止不同周期光脉冲产生的瑞利散射光相互干扰,必须在前一个光脉冲产生的后向瑞利散射光完全返回传感光纤入口后才能发射下一个光脉冲,所以光脉冲的重复频率最高为 $c/2nL$。根据奈奎斯特采样定律,系统能够响应的最高振动频率为 $c/4nL$。

6.2.2.4　动态范围

φ-OTDR 系统的动态范围通常是指其最大传感距离,可通过提高信噪比来扩大系统的动态范围。影响传感系统信噪比的因素有很多,包括入射光功率、光源的频率漂移、外部环境噪声、调制光脉冲的消光比等,合适的信号处理算法也能够提高系统信噪比。更高的入射光功率可以在一定程度上改善信噪比,可采用增加光脉冲宽度的办法来提高入射光功率,但如前文所述,脉冲宽度的增加也会使得系统的空间分辨能力降低。也可通过提高光脉冲峰值功率来增大入射光功率,但过高的峰值功率会引起非线性效应,将严重影响系统性能。因此这种方法能够提高的动态范围受到很大限制。

6.3　小　结

电力设备大多处于强电磁环境中,传统的电信号传感器在进行测量时电磁兼容的问题难以解决。同时,很多测量需要在高电压的环境下完成,例如高压开关,变压器绕组、架空输电线路、电力电缆等的位移测量和振动测量,这些都对传感器的绝缘性能、体积和安装灵活性提出了更高的要求,而光纤应力/应变传感器正是这些测量的最佳选择。

基于光纤光栅的应力/应变传感器可以通过设计合理的敏感结构进行不同物理量之间的转换,从而对外界参量进行多点或准分布式传感。基于瑞利散射的应力传感检测技术则适用于长距离输电设备的应力/应变在线监测并定位,甚至可以实现温度、振动、应力/应变的多参量融合传感,是前景优良的长距离电气设备光纤传感检测技术。

第 **7** 章
光纤温度传感检测技术

　　由于光纤具有绝缘性好、耐腐蚀、抗电磁干扰等特点,可以应用在辐射强、有腐蚀性、电磁干扰大等工作条件恶劣的环境中;其尺寸小、质量小、方便安装,灵敏高,并且可测量范围大、探测距离广,目前已有众多国内外科研单位积极投入相关方面研究。在各种测量领域,温度是必须测量的重要参数之一,许多应用领域都需要对温度进行监测,如航空航天、石油天然气管道、桥梁隧道、电力系统等。

　　目前常用的光纤测温[120-124]技术包括全分布式光纤测温技术、光纤光栅测温技术和荧光光纤测温技术等。本章主要介绍以荧光光纤、瑞利散射原理、拉曼散射原理和光纤光栅为基础的电力设备温度检测的相关技术理论及应用案例。

7.1　电力设备温度测量的意义

电力系统一般由发电、输电、配电、用电四个环节构成。具体由发电厂、高压电网、变/配电站、低压电网、用户端等单元构成。其中包括大量的电力设备，这些设备处在各种复杂的运行环境和工况中，面临着各种自然环境和人为因素的挑战。电网是整个国家运行的基础设施系统，涉及工业、军事、经济等方面的用电需求，安全运行是电网的第一要务。在保障电网安全运行中，电力设备的运行温度是一个重要因素。过低或过高的温度都会对电网设施造成不可逆的损坏，甚至给国家财产和人民的生命安全带来损失。

在电力设备运行过程中，温度的剧烈变化是需要特别注意的。据不完全统计，全国近 10 年来发生的电缆火灾中重大事故逾百起，累计烧毁几十万米电缆，因电线、电缆本身的故障造成整体大楼火灾事故的事故率可达 40%。温度的剧烈变化也是电网设备故障最为明显的前兆，变电站中各个一次设备、二次设备间由母线、引线、电缆等连接，电流流过产生热量，几乎所有的电气故障都会导致故障点温度的变化。因此，电力系统中设备故障的预兆基本上都和温度的异常变化有关。因此，对电力设备进行温度监测，及时有效地检测到这些异常发热点并采取相应的措施，可以使设备强迫故障停运转变成有计划的停运维护，大大延长设备的有效运行时间，节省人力物力，降低事故概率，保证电网安全正常运行。

7.2 荧光光谱型光纤温度传感检测技术

荧光光纤温度传感[125-129]的原理是利用荧光材料的温度特性,结合了荧光材料与光纤技术,近年来成为光纤测温领域的一个研究热点。荧光光谱型光纤温度传感检测技术的工作机理在于光致发光现象。在所有的荧光材料发射过程中,由于任何有效合理竞争(如辐射和非辐射竞争的存在)的迟豫过程都可以缩短激发态的寿命,所以,在一定的温度范围内,所有的发光材料的荧光强度和荧光寿命都会有一定的温度相关性。荧光测温法的工作机理,正是基于这种温度相关性。

7.2.1 荧光光谱型光纤温度传感原理

荧光光谱型光纤温度传感检测技术的工作机理在于光致发光现象。根据普朗克定律,当物体接收到某种形式的能量,最终都会发生电子在能级 E_1 与能级 $E_2(E_1 < E_2)$ 之间的跃迁,并伴随着波长为 λ 的光波发射:

$$hc = \lambda \Delta E = E_2 - E_1 \tag{7.1}$$

式中,E_2、E_1分别为电子在高、低能级时的能量;h 为普朗克常数;c 为光速;λ 为发出光子的波长。

实际上,E_1、E_2分别位于两条能带之中,所以观测到的不是某一波长的光,而是某一波段的光,这就是发光的基本原理。根据激励方式的不同,又可分为光致发光、阴极发光、场致发光等。

激励停止之后,发光现象将继续维持一段时间,该段时间的长短等于电子在能级 E_2 和能级 E_1 之间的跃迁时间($\leqslant 10^{-6}$ s),称这种光为荧光。然而通常所维持的时间要长得多(往往能延续 $10^{-3} \sim 10$ s),称后一种光为磷光。磷光现象是由于出现了能量小于 E_2 的亚稳态,电子一旦陷入这种寿命很长的亚稳态,需经过一段热激励时间后,才能把它们从亚稳态中释放出来。

荧光测温的工作机理是建立在光致发光这一基本物理现象上的。所谓光致发光,就是当某些材料由于受到紫外、可见或红外区内的某种形式的电磁辐射的激发,所产生的超热辐射以外的发光现象。这种发光,是材料吸收入射光子所获的那部分能量的释放形式。它既可能是荧光也可能是磷光,或者两种皆有。为了简化起见,荧光这一术语将应用于所有类型的光致发光,对应的发光材料称为荧光材料或者磷光材料。

荧光材料的主要特性有:激发光谱、发射光谱和荧光寿命(又称衰落时间)。

激发光谱是能够诱发荧光的入射光谱,它由荧光材料的吸收光谱以及吸收的能量转换为荧光的效率决定,因而吸收光谱十分类似于激发光谱。通常激发光谱比对应的荧光光谱具有更高的光子能量,即激发光的波长较短。

发射光谱具有以下特征:

(1)发射光谱的形状与激发波长无关。这是由于荧光发射发生于第一电子激发态的最低振动能级,而与荧光物质被激发到哪一个电子态无关。

(2)发射光谱和吸收光谱之间存在着镜像对称关系。这是由于发射光谱是由激发态分子从第一电子激发态的最低振动能级辐射跃迁至基态的各个不同振动能级引起的,发射光谱的形状与基态中振动能级的分布情况有关;而吸收光谱恰好相反,它的形成是由于基态分子被激发到第一电子激发态的各个不同振动能级引起的,吸收光谱的形状与第一电子激发态中振动能级的分布情况有关。电子跃迁速率非常快,以至于跃迁过程中的相对位置基本不变,因此发射光谱和吸收光谱之间存在着镜像对称关系。

激励光消失之后,荧光发光的持续时间取决于激发态的寿命。这种发光通常是按指数方式衰减,该指数衰减的时间常数可作为激发状态寿命的量度,称为荧光寿命或荧光衰落时间。大多数使用的材料具有相对长的荧光寿命

（> 10^{-6} s），表明其荧光是对应于材料内部电子能级之间的那些许可的跃迁，这些跃迁是受入射光激发的电子释放能量产生的。材料发射荧光是因为一旦由附带的辐射激发后，电子释放能量从激发态返回到基态，正是因为有这种能量释放才导致材料发光。所有的荧光材料的荧光寿命和荧光强度，都会在某一相应的温度范围内表现出一定的温度相关性。这些温度相关性，就是荧光测温法之工作机理所在。

7.2.2　荧光光谱型光纤温度传感系统

设计一套以锁相环技术为核心的荧光光纤温度测量系统，具有最低成本、最优系统噪声设计和高精度等特性。

荧光光纤测温系统由激发光源、传输荧光的光学系统和光电探测器、滤波器、锁相环等处理荧光信号的电子学系统组成。

脉冲驱动[130-134]的绿色超高亮度发光二极管被用作激励光源，其发光中心波长约为 575 nm、光谱带宽为 40 nm。光源在一定频率的正弦波或方波的驱动下，通过准直和聚焦透镜（L_1、L_2）及激发滤光片（F_1）聚焦和滤光耦合进石英光纤，经光纤分束镜，一路作为参考信号通过光纤到达光电探测器，以消除激发光对荧光信号的影响；另一路通过光纤照射到敏感材料上，敏感材料产生的荧光通过 Y 形光纤。激发的荧光从 Y 形石英光纤另一端导出，通过干涉滤光片滤除夹杂的激励光后到达 PIN Si 光电探测器，经光电探测器转换为电压信号，再进行放大、滤波、锁相检测。荧光寿命可由相应的相移测量求出。将荧光信号送入锁相环电路，与一个在相位上与激励调制信号（也即压控振荡器输出）差一固定延时比 α 的参考信号相混频，混频后的信号 V_{mix} 经低通滤波器并进一步积分后，反馈控制压控振荡器的输出频率。通过这样一个负反馈过程，压控振荡器的输出将趋于并最终稳定在某一频率值，这一稳定的频率正比于待测的荧光寿命。在此系统中，由于激励信号 V_m 与荧光响应信号 V_f 之间的相差 ϕ 保持恒定

(由延时电路中的延时比 α 的设置决定),所以锁相环路输出频率随着被测荧光寿命的变化而变化。将输出频率作为激励光调制频率,控制激励光以输出频率对荧光探头进行激发;同时将锁相环输出频率输入单片机系统,对其进行精确测量,并通过查询单片机内置表格,显示相应的待测温度值。系统采用与调制荧光信号相关的双通道相位锁定测量方案。它适合于高精度、宽量程的测量应用要求,能够实现荧光寿命在无激励光干扰情况下的实时测量。因此,相位锁定测量系统对荧光滤光片的要求相应地降低。其系统框图如图 7.1 所示。

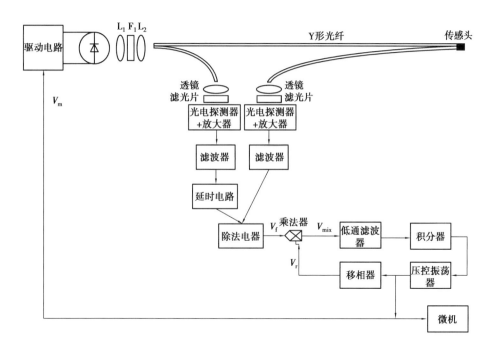

图 7.1　荧光光纤温度传感器原理图

分析 LED 和 LD 两者的特点,LED 具有温度敏感性低、可靠性好、驱动电路简单等优点,且价格低廉。与此相反,LD 具有辐射功率大、光谱宽度窄等特点,因此适宜于吸收谱带较窄的荧光工作物质,此时,当光谱匹配性较好时,如对于 Nd^{3+}:YAG,激励光利用率较高。而对具有较宽吸收谱的工作物质,如 Cr^{3+}:Al_2O_3,LED 却是一种较好的选择。稀土材料相对红宝石、石榴石等,吸收能量的能力强,转换效率高,荧光寿命长,价格便宜,易于加工,但其通常由紫外激发为最佳。这一波段的激发光源通常为激光器和氙灯等光源,而这些光源由于体积大、成本高、寿命短,不适合仪器中使用。红宝石的吸收光谱和发射谱表明中心波长550 nm,带宽100 nm,最佳激发波长在可见光范围。因此,其激励光源可以很方便地选择。

本书采用绿色超高亮发光二极管作为激励光源,其基本参数如下:中心波长选取575 nm;光谱半宽度为40 nm;额定工作电流为40 mA;最大脉冲工作电流为300 mA。

驱动电路采用压控振荡器驱动 V-MOS 场效应管额定方式,利用其开关的上升沿和下降沿都比较陡。当驱动信号为低电平时,V-MOS 管截止,电流通过充电电阻 R 和二极管 D 对电解电容 C 充电,同时由于二极管的旁路作用,LED 两端无电流通过,LED 不发光;当驱动信号为高电平时,V-MOS 管导通,D 截止,充电结束,同时充电电容 C 通过保护电阻 r、发光二极管 LED 和 V-MOS 管的环路进行放电,LED 被电流驱动发光。由此 LED 随脉冲信号产生一定周期的激励光。LED 的电流保持不变时,在一级近似的条件下,发光二极管的输出功率 P 与调制频率 ω 的关系为:

$$P(\omega) = P_0 \left[1 + (\omega\tau)^2 \right]^{1/2} \tag{7.2}$$

式中,$P(\omega)$ 为二极管的调制输出功率;τ 为 LED 中少数载流子寿命;ω 为调制频率;P_0 为二极管的直流发射功率。由于激励红宝石所需频率不能太高(30 Hz 左右),而 τ 的数级很小,故 $P(\omega) \approx P_0$,可见其有很强的调制能力。

由于部分石英光纤必须经受荧光体的工作温度,往往导致采用昂贵的金属镀层的石英光纤,很难适用于温度较高场合。蓝宝石光纤具有优良的物理化学性能,高达2 045 ℃的熔点,是优良的耐高温光纤传感材料。我们采用激光加热小基座(LHPG)法,在蓝宝石光纤端部生长一小段红宝石晶体荧光感温材料,制成结构紧凑、耐高温和性能稳定的荧光光纤温度传感头。

作为感温元件的荧光发射体必须满足:具备良好的物理化学性能,易于实现在合适波段的光泵浦和强荧光发射,具有确定的荧光温度特性和简明的时间衰减特性;在要求的测温区间具有相对较长的荧光寿命,这样可以避免采用昂贵的高速信号处理电路以降低测温装置成本。目前用作荧光发射体的主要有各类掺杂的单晶体。端部掺 Cr^{3+} 的蓝宝石光纤两端经光学抛光以后,掺 Cr^{3+} 的 $Cr^{3+}:Al_2O_3$ 光纤一端用作温度传感头,另一端与 Y 形石英光纤相接。

7.3　拉曼光谱型光纤温度传感检测技术

1982 年,首个分布式光纤传感系统由英国南安普敦大学 A. H. Hartog 团队使用液芯光纤开发实现。1987 年,英国 York 公司研制出第一台商用全分布式光纤拉曼温度传感器。此后,中国、美国、加拿大等国家都开展了相关研究。20世纪 80 年代,针对分布式温度传感检测技术,国内重庆大学于 1987 年最先进行了相关研究,1991 年曾承担“八五”国家级重点科技攻关项目,深入地研究了传感原理和系统,并研制出样机。

分布式光纤温度传感检测技术,利用光纤的散射与光纤的温度相关特性感知环境温度,并结合光时域反射(OTDR)技术确定温度变化在光纤上的空间位置,从而同时实现沿光纤长度方向上的温度传感与定位。

7.3.1　基于拉曼散射的光纤温度传感器原理

拉曼散射可以看成入射光和介质分子相互作用时,光子吸收或者发射一个声子的过程。当激光脉冲在光纤中传播时,每个激光脉冲产生的背向斯托克斯拉曼散射光的光通量为:

$$\Phi_S = K_S S \nu_s^4 \phi_e R_s(T) \exp[-(\alpha_0 + \alpha_S)L] \tag{7.3}$$

231

背向反斯托克斯拉曼散射光的光通量可以表示为:

$$\Phi_{AS} = K_{AS} S \nu_{AS}^4 \phi_e R_{AS}(T) \exp\left[-(\alpha_0 + \alpha_{AS})L\right] \qquad (7.4)$$

其中,K_S、K_{AS} 分别表示与光纤的斯托克斯散射截面、反斯托克斯散射截面有关的系数;ν_S、ν_{AS} 分别为斯托克斯散射光子和反斯托克斯散射光子的频率;α_0、α_S、α_{AS} 分别为光纤中入射光、反斯托克斯拉曼散射光以及斯托克斯拉曼散射光的平均传播损耗;$R_S(T)$、$R_{AS}(T)$ 为与光纤分子低能级和高能级上的粒子数分布有关的系数,分别表示为:

$$R_S(T) = \left[1 - \exp(-h\Delta\nu/kT)\right]^{-1} \qquad (7.5)$$

$$R_{AS}(T) = \left[\exp(h\Delta\nu/kT) - 1\right]^{-1} \qquad (7.6)$$

光纤分子能级上的粒子数热分布服从玻尔兹曼定律,反斯托克斯拉曼散射光与斯托克斯拉曼散射光的强度比 $I(T)$:

$$I(T) = \frac{\Phi_{AS}}{\Phi_S} = \left(\frac{\nu_{AS}}{\nu_S}\right)^4 e^{-\left(\frac{h\Delta\nu}{k_B T}\right)} \qquad (7.7)$$

其中,h 为普朗克常数,$h = 6.626 \times 10^{-34} \text{J} \cdot \text{s}$;$\Delta\nu$ 为 $1.32 \times 10^{13} \text{Hz}$;$k_B$ 是玻尔兹曼常数,$k_B = 1.380 \times 10^{-23} \text{J} \cdot \text{K}^{-1}$;$T$ 是热力学温度。两种光强度比,可以得到光纤各个段的温度信息。

在实际测量中,需要先对室温进行标定,一般在光纤的前端设置一段定标光纤,将定标光纤圈放在温度为 T_0 的恒温箱中,得到拉曼光强度比和温度的关系式:

$$\frac{1}{T} = \frac{1}{T_0} - \frac{k_B}{h\Delta\nu}\ln\frac{\Phi_{AS}(T)/\Phi_S(T)}{\Phi_{AS}(T_0)/\Phi_S(T_0)} = \frac{1}{T_0} - \frac{k_B}{h\Delta\nu}\ln F(T) \qquad (7.8)$$

由上式可得到

$$F(T) = \frac{\Phi_{AS}(T)/\Phi_S(T)}{\Phi_{AS}(T_0)/\Phi_S(T_0)} = \frac{e^{-h\Delta\nu/k_B T}}{e^{-h\Delta\nu/k_B T_0}} \qquad (7.9)$$

经过计算可以得到在室温 20 ℃下光纤拉曼温度传感器中光纤温度与拉曼强度比的关系,见表7.1。

表 7.1　光纤拉曼温度传感器中光纤温度与拉曼强度比的关系

光纤温度 /℃	0	10	20	30	40	50	60	70	80	90	100	110	120
$F(T)$	0.853 6	0.926 5	1.000 0	1.073 9	1.148 0	1.222 2	1.296 2	1.369 9	1.443 6	1.516 7	1.589 3	1.661 3	1.732 6
测量温度 /K	273.15	283.15	293.15	303.15	313.15	323.15	333.15	343.15	353.15	363.15	373.15	383.15	393.15

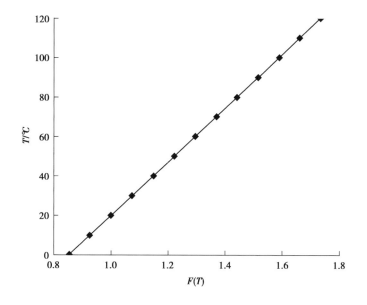

图 7.2　拉曼散射光强度与温度关系

从图 7.2 中可以看出,在 0 ～ 120 ℃的温度范围内,温度和拉曼散射光强度基本呈现线性关系,斜率即为全分布式光纤拉曼温度传感器的灵敏度 S。系统的相对灵敏度与设定的定标光纤的温度有关,定标光纤处于 20 ℃时,相对灵敏度 $S_0 = 136.511$。定标光纤温度 T_0 越低,S_0 的值越低。在实验室中,通常将全分布式光纤拉曼测温传感器的传感光纤中取出一段作为测温光纤段,使其稳定处于 30 ℃、40 ℃、50 ℃、60 ℃、70 ℃、80 ℃、90 ℃,从全分布式光纤拉曼温度传感器系统可测量到不同温度下的拉曼强度比 $F(T)$,得到系统的温度定标曲线,由定标曲线的斜率得到实际的系统相对灵敏度 S_0。

基于拉曼散射的光纤温度传感器,如图 7.3 所示,所用的光纤既是传输介质又是传感介质,一根十几千米上的光纤可以采集几万个点的温度信息并进行空间定位,光纤安装位置点的温度场调制了光纤内部中的后向瑞利散射光的强度,经过波分复用器(WDM)和光电探测器(PD)采集带有温度信息的后向瑞利散射光强度信号并送入信号处理系统解调,将温度信息实时从噪声中提取出来并进行显示。

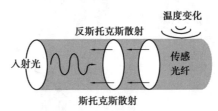

图 7.3　基于拉曼散射的光纤温度传感器示意图

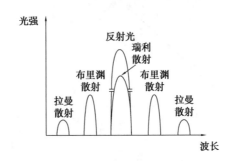

图 7.4　不同波长散射与强度关系示意图

如图 7.4 所示,当光脉冲在光纤中传播时,背向拉曼散射光回到光纤的初始端,每个激光脉冲产生的背向反斯托克斯和斯托克斯散射光的光通量为:

$$\Phi_S = K_S S \nu_S^4 \varphi_e R_s(T) \exp\left[-(\alpha_0 + \alpha_S)L\right] \qquad (7.10)$$

$$\Phi_{AS} = K_{AS} S \nu_{AS}^4 \varphi_e R_{AS}(T) \exp\left[-(\alpha_0 + \alpha_{AS})L\right] \qquad (7.11)$$

背向反斯托克斯与斯托克斯 ROTDR 曲线如图 7.5 所示。

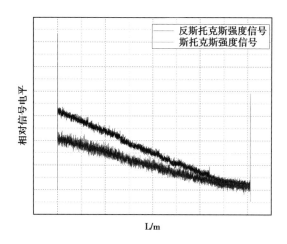

图 7.5　背向反斯托克斯与斯托克斯 ROTDR 曲线

7.3.2　基于拉曼散射的光纤温度传感系统

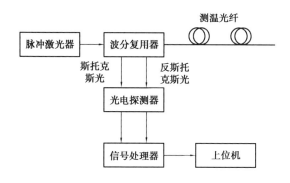

图 7.6　基于拉曼散射的光纤温度传感系统的结构设计图

　　基于拉曼散射的分布式光纤测温系统(Distributed Temperature System,DTS)属于强度调制型光纤传感系统,以光纤作为传感器,其中的光波信号强度随外界环境温度变化而变化。图 7.6 为基于拉曼散射的光纤温度传感系统的结构设计图。本系统主要由光学、电学两部分组成,其中光学部分主要包括光源、波分复用器和传感光纤,电学部分主要包括光电探测模块、信号采集与处理模块、上位机模块等。

系统工作原理为：首先信号发生器产生具有一定重复频率的同步脉冲信号，控制脉冲光源激光器（Laser Device, LD）发出激光，经调制获得 1 550 nm 脉冲光，然后由波分复用器（Wavelength Division Multiplexer, WDM）中的耦合器注入传感光纤中，光在传播过程中发生了散射，包括拉曼散射、布里渊散射、瑞利散射等，这些散射光中只有与入射光传播方向相反的背向散射光返回 WDM 的耦合器，再由分光器中的分光片和滤波片将拉曼散射中心波长分别为 1 450 nm 和 1 660 nm 的反斯托克斯光和斯托克斯光滤出，两路光送入双通道光电探测模块；接着该模块内反向偏压下工作的雪崩二极管（Avalanche Photo Diode, APD）将携带温度信息的微弱光信号转换为电信号，再由放大电路放大到适合数据采集卡采集的水平；而后信号送入数据采集模块，采集模块对放大的信号模数转换后，由信号处理模块进行去除噪声和温度信息的解调处理；最后将温度信息送入上位机温度显示模块，使用显示屏配合，显示出沿光纤分布的整个温度场的测量曲线。

系统中每一部分、每个器件都有其特定的指标要求，只有各个组成元件都达到设计要求，才能保证整个温度测量系统正常运行，完成温度的分布式测量。

7.3.2.1 激光器

激光器性能的好坏对整个系统有着至关重要的影响，因此选择激光器时必须对激光器的各性能参数进行严格限制。由于光纤中的拉曼散射强度十分微弱，不同波长的光在光纤中传播时的损耗不同，导致拉曼散射光强度也不同，受光纤损耗影响，首先需选择合适的激光中心波长。为降低后续光电探测难度，合适的激光器发射功率既要保证注入光纤内的功率达到最大，又不能产生受激拉曼散射（Stimulated Raman Scattering SRS）。激光脉冲的重复频率与注入光纤功率和系统测量时间有关。激光脉冲宽度是影响系统空间分辨率因素之一，要实现较高空间分辨率，需选择合适的脉冲宽度。

拉曼光谱学理论表明，激光脉冲的中心波长越短，光纤中自发拉曼散射光的强度也就越大;但是,激光脉冲的中心波长越短,在光纤中传输时对应的光纤损耗越大。因此,激光器中心波长的选择还应综合考虑传感光纤的损耗特性。目前,市场上常用的脉冲激光器的中心波长有 840 nm、1 310 nm 和 1 550 nm。其中,测量距离较短(一般小于 500 m)时,840 nm 的光从光纤尾部散射回的anti-stokes 光强度最大;测量距离较长(一般小于 2.5 km)时,1 310 nm 的光从光纤尾部散射回的 anti-stokes 光强度最大;测量距离很长(一般大于 2.5 km)时,1 550 nm 的光从光纤尾部散射回的 anti-stokes 光强度最大,对于需要实现远距离温度监测的领域,中心波长为 1 550 nm 的脉冲激光器因其自身的优点而受到广泛应用。

7.3.2.2　波分复用器

波分复用器将激光器输出的激光进行耦合,然后传入传感光纤中;沿光纤后向返回的斯托克斯散射光和反斯托克斯散射光拥有不同的波长,利用特定的波分复用器可以滤出这两个特定波长的后向散射光。目前,光纤通信领域的波分复用器件一般集中在 1 550 nm 处,内部结构通常由窄带带通滤波片、光纤光栅或平面波导组成。波分复用器件类型主要分为 3 种:介质膜型、光纤光栅型和波导阵列型。其中,介质膜型是目前光通信系统中使用最广泛的滤波器,利用十分成熟的介质膜滤波滤光技术制作而成。此种滤波器通道间的隔离度高、带宽范围广、温度稳定性良好。

7.3.2.3　光电转换器

在分布式光纤拉曼测温系统中,光电探测模块的作用是将光信号转换为电信号并对其进行放大。由于后向拉曼散射信号强度极弱,经波分复用器滤波之后,强度只有纳瓦级别,雪崩光电二极管(APD)因其高灵敏度、低噪声、高增益等优点已逐渐成为分布式测温系统探测器的首选。光电探测模块采用 APD 作为光电转换器件,利用了载流子的雪崩倍增效应来放大信号进而提高探测响应度。铟镓砷(InGaAs)型 APD 的光谱响应范围较广,是长波长波段光纤通信比较理想的光检测器件,光的吸收层用 InGaAs 材料,它对 1 550 nm 波长的光具有很高的吸收系数,因此采用铟镓砷 APD 作为系统的探测器件。

7.3.2.4 数据采集处理模块

该模块为激光器提供驱动脉冲,并周期性地采集光电转换器输出的后向斯托克斯散射光强信号和反斯托克斯散射光强信号,然后通过数据处理解调出整条光纤沿线的温度信息。其主要核心部件为至少两路可同时采集的高速数据采集卡和信号去噪、温度解调算法。为使系统能够准确测温,必须保证采集卡的采样率及采样精度。高速数据采集卡将连续的电信号转换成离散的数字信号,传入计算机后由计算机进行解调、降噪、标定和显示。

7.3.2.5 传感光纤

在分布式光纤拉曼温度传感系统中,光纤既是传输介质也是传感媒介。光纤按照传输模式的不同,可分为单模光纤与多模光纤。其中,单模光纤只有一种传输模式,没有模式色散,纤芯直径小,传输过程中损耗较小,有利于长距离传输。但是由于其横截面积小,耦合时效率较低,而且功率密度大,容易产生受激拉曼散射,所以入射激光功率不能太高,只能限制在很低的范围,产生的自发拉曼散射信号强度也较低,信噪比不高。多模光纤有多个传输模式,各模式在同一波长下,因群速度不同互相散开,引起传输信号波形失真,产生模式色散。光纤色散的存在使传输的信号脉冲畸变,从而限制了光纤的传输容量和传输带宽。但由于其有效截面积大,耦合效率较高,不容易产生受激拉曼散射等非线性效应,在测量距离不是太长(一般为 5 km 以内)的情况下,多模光纤有独特优势。多模光纤又分为阶跃型和渐变型两种,渐变型多模光纤相对阶跃型多模光纤而言,减小了模式色散的影响,信号畸变小,传输性能更高。

7.3.3 基于拉曼散射的光纤温度传感系统主要技术指标

拉曼分布式光纤测温[135-139]的主要技术指标包括温度精度、温度分辨率、空间分辨率、测温距离、采样分辨率、测量时间、测温范围等。下面对传感器的主要技术指标分别进行分析。

7.3.3.1 温度精度

系统的温度精度用不确定度表示,由标准差 σ 量度,含义是从统计学角度,多次测量的平均值与测量值的均方根差。本质上是由系统的信噪比决定的,系统的信号由探测激光器的脉冲光子能量决定,和脉冲宽度、峰值功率相关,系统的噪声主要和随机噪声、光电转换器噪声、前置放大器噪声、信号采集处理系统的带宽、噪声有关。

7.3.3.2 温度分辨率

系统的温度分辨率是指产生信号光电流变化量时所需要的温度变化量,即系统信号与噪声比例为 1 时的温度变化值,可以表示为:

$$\Delta T = \frac{k_{\mathrm{B}} T^2 n_{\mathrm{as}}}{h \Delta \upsilon \, p_{\mathrm{as}}} \tag{7.12}$$

式中,h 为普朗克常数,$h = 6.626 \times 10^{-34}$ J·s;$\Delta \upsilon$ 为拉曼频移 1.32×10^{13} Hz;k_{B} 是玻尔兹曼常数,$k_{\mathrm{B}} = 1.380 \times 10^{-23}$ J·K^{-1};T 为纤芯温度;$n_{\mathrm{as}}/p_{\mathrm{as}}$ 为信噪比。可以看出,系统的温度分辨率由测温系统最小分度指示值来表征。

7.3.3.3 空间分辨率

空间分辨率通常定义为光纤测温系统在保证测温精度的前提下可测的最小空间长度,它表征系统可以分辨传感光纤上温度测量两个位置最近的程度。

在实际测量中,一般认为被测温度信号自起始值到目标值的响应过渡段10%上升到90%所对应的空间长度就是空间分辨率,如图7.7所示。

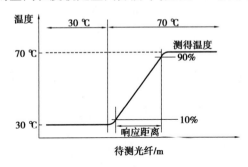

图 7.7 空间分辨率图示

空间分辨率的影响因素包括入射光脉宽、光纤色散、光电转换器件的响应时间、放大电路带宽和采集卡 A/D 转换速度等,是系统整体性能的综合体现。标准多模光纤中的色散非常微弱,通常可以忽略。于是,系统的空间分辨率可以表示为:

$$\Delta z = \max\{\Delta l_{\text{pulse}}, \Delta l_{\text{amp}}, \Delta l_{\text{A/D}}\} \tag{7.13}$$

式中,Δl_{pulse} 为激光脉冲宽度决定的空间分辨率;Δ_{amp} 为探测电路响应时间决定的空间分辨率;$\Delta_{\text{A/D}}$ 为 A/D 转换时间决定的空间分辨率。

由于激光器发射的探测光并非无限窄,而是有一定宽度的,所以系统接收端探测到的也并非某点的背向散射光功率,而是某一小段的背向散射光能量的总和。假设测温系统探测光为矩形,脉冲宽度为 τ_1,待测光纤中光的群速度 V,认为光在传播过程中没有色散且光电探测器、放大器的频带足够宽,采集卡 A/D转换速度足够快,那么由探测光脉冲决定的空间分辨率 Δl_{pulse} 为:

$$\Delta l_{\text{pulse}} = \frac{\tau_1 V}{2} \tag{7.14}$$

光电转换器接收到信号,在经过一定时间后转化成光信号,这个时间定义为响应时间 τ_2。由探测电路响应时间决定的空间分辨率 Δ_{amp} 可以表示为:

$$\Delta l_{\text{amp}} = \frac{\tau_2 V}{2} \tag{7.15}$$

A/D 转换时间是指对接收到的模拟信号进行采集并转换成数字信号的时间,定义此转换时间为 τ_3。由 A/D 转换时间决定的空间分辨率 $\Delta_{A/D}$:

$$\Delta l_{A/D} = \frac{\tau_3 V}{2} \tag{7.16}$$

因此系统设计时,可以从压缩探测激光脉冲宽度,选择响应速度快的光电探测器,或者采用更高速率的数据采集卡等方面入手来改善系统的空间分辨率。

7.3.3.4　两路拉曼信号的同步性

在进行拉曼温度信号的解调时,一般采用两路信号调制方法,这对两路拉曼信号的同步性提出了要求。两路信号在光纤中传输的速度不一致,且两路信号经过光电转换器时,APD 的响应时间也不相等,那么由两路信号解调出的温度信号就和真实的温度信号存在一定的误差,且不能保证所需求的空间分辨率。所以必须保证两路拉曼信号的同步性。

7.3.3.5　系统测量时间

系统的温度信号淹没在噪声中,噪声是随机的,因此一般采用多次累加平均法提高温度信号的信噪比,累加次数确定后,系统达到满足需求的温度分辨率和空间分辨率时,对于整条光纤上所有点对应的温度测量一次所需要的最少时间称为测量时间。测量时间可以表示为:

$$\delta_t = N_a / f \tag{7.17}$$

式中,N_a 表示信号累加平均的次数;f 表示光探测脉冲的重复频率。最终的系统测量时间还需要加上计算机的传输速度,且平均次数受到系统性能的限制不能无限增大。

7.3.3.6　测温距离

传感光纤长度的选择主要是由光脉冲重复频率决定的,要保证光纤中一直

存在一个光脉冲,所以测温距离可以表示为:

$$L = \frac{V}{2f} \qquad (7.18)$$

7.3.3.7 测温范围

传感系统的测温范围由光纤、光缆材料的耐温性能决定,特种涂层材料的光纤测温范围可达 600 ℃。常见的光纤涂层的热损伤特性见表 7.2。

表 7.2 常见的光纤涂层的热损伤特性

光纤涂层	工作温度范围/℃
丙烯酸盐(Acrylate)	−50 ~ 85
含氟聚合物(Fluoropolymer)	−50 ~ 220
热固合成树脂(Thermoset Resin)	−50 ~ 300
金属(金、银、铝、铂)	−50 ~ 350

7.3.4 基于拉曼散射的光纤温度传感系统应用

7.3.4.1 电力电缆测温

电力电缆光纤分布式测温[140-145]一般有内置式和表贴式两种安装方式。由于内置光纤的电力电缆需要定制生产,无法应用于已经投运的电力电缆温度检测,故目前应用较多的是表贴式安装方法。通常将传感光纤紧贴在电力电缆的表面或以"Z"形的走线方式敷设在电缆上,如图 7.8 所示。当测试范围小于空间分辨率时,测温结果会与现场差值较大,可以通过改变测试范围内光纤长度来改善测量结果;在电缆监测中应考虑使用无金属成分的传感光缆,弯曲半径不能过小。

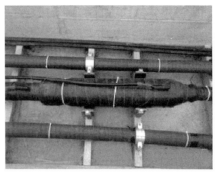

图 7.8 传感光纤紧贴电力电缆表面和以 "Z" 形走线方式

但是表贴式安装也存在一些不能忽略的问题,例如:

(1)干扰因素多,光缆较细,柔性度大,外界微小的振动甚至电缆通道内的风、水流均会引起光缆振动,导致系统误报,长时间误报,导致系统失效。

(2)隐蔽性弱,遇到电缆盗窃,偷盗者可以避开外界的光缆,对电缆单独实施切割,起不到预警报警的作用。

(3)工程实施困难,往往电缆通道内,电缆、光缆等线缆种类繁多,电缆表面增加传感光缆,势必会影响到其他线缆的正常运行,甚至导致安全事故,特别在建设好的电缆通道敷设电缆,可能会导致传感光缆断裂,使得系统损坏。

(4)运维成本高,光缆敷设在电缆外面,得不到很好的保护。长时间运行,势必存在光缆断裂的情况,导致运维工作量增大等。

内置式光纤的电力电缆如图 7.9 所示。内置式光纤电缆分为两种,一种是将测温光纤置于线芯分割导体的间隙,可直接测量导体温度,同时避免对测温光纤结构造成损伤。但此种工艺存在两个问题:一是电缆接头制作过程中,线芯导体需要进行压接,不可避免会对测温光纤结构造成损伤;二是线芯导体处于高电位,光纤接出如何保证接头各部分之间的绝缘强度,目前还没有较好的解决办法。另一种是将测温光纤放置于电缆绝缘屏蔽表面,介于阻水缓冲层与绝缘屏蔽之间。结合近几年高压电缆故障统计,绝缘屏蔽与铝护套之间接触不良形成空气间隙,进而引发局部放电,导致电缆绝缘击穿是引发高压电缆故障

频发的重要原因,目前也未有较好的解决办法。上述两种测温光纤在工程实际
应用中存在较大困难,目前工程应用案例较少。

智能预警电缆

内置紧包光纤
导体
外护套
内衬材料

图 7.9　内置式光纤电力电缆

【案例】广州地区电缆装设分布式光纤测温系统长期监测电缆温度

在广州供电局 10 kV 岭泊站出线电缆表皮敷设光纤,对电缆运行情况进行
监测。该站是广州供电局出线负荷较重的一个站,电缆为集群敷设(共 18 条出
线),其中站出线的 20 m 左右区段为电缆沟敷设,其他均为排管敷设。光纤采
用绑扎固定在电缆表面,绑扎带每隔 0.5 m 固定一次,以保证电缆和光纤的紧
密接触,光纤敷设现场情况如图 7.10 所示。

图 7.10　光纤敷设现场情况图示

由于广州地区夏季多雨且排管段电缆附近有条河,地下水位高,使电缆排管
敷设区段 1 管道内含水而排管敷设区段 2 管道内充满水。为便于说明,此处将电
缆沟敷设电缆称为区段 0,排管敷设区段 1 称为区段 1,排管敷设区段 2 段称为区
段 2。负荷最重的 F18 电缆 7 月 23 日至 7 月 30 日的监测结果,如图 7.11 所示。

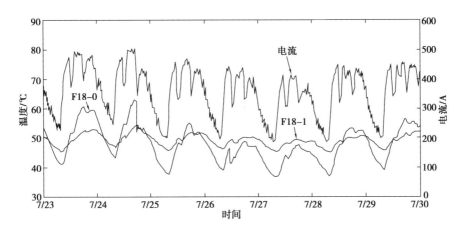

图 7.11　F18 电缆监测结果

由图 7.11 可以看出,一周内负荷电流曲线形状基本一致而峰值有所差异。当负荷电流变化时,电缆沟敷设外皮温度变化较大,而排管敷设外皮温度变化较小。负荷较重时,F18-0 段电缆外皮温度高于排管段;而负荷较轻时,F18-0 段电缆外皮温度低于排管段。这与电缆敷设环境有关,电缆沟内共有 18 回电缆,沟内电缆群存在相互热影响,而排管内有水,利于电缆散热。

7.3.4.2　变压器测温

变压器光纤分布式测温分为预埋内置式和表贴式两种安装方式。预埋时可以直接预埋在变压器的绕组内部如图 7.12 所示;外置式可以将光纤直接敷设在被测试变压器的表面,用磁扣进行固定。当变压器发生故障时,可以通过温度变化来有效地进行监测,及时通知有关人员进行维护。

图 7.12　变压器的绕组内部

7.3.4.3 开关柜测温

对于电力系统的高压开关柜内需要测温的敏感点,经过大量的分析比对研究,发现在封闭的开关柜内,容易发热的点是闸刀刀口接触处、引流排接头、出线电缆接头、母线等部位。由于分布式光纤测温技术具有自由空间测温的特点,所以不需要专门布点,只要沿着需要测量的位置对光纤进行布线就可以感应到对应位置的温度信息,实时监控,及时对早期故障发出预警,保证开关柜的安全运行。

7.4 光纤光栅型光纤温度传感检测技术

光纤光栅[146-150]的种类有很多种,文献记载光栅的分类主要分两大种:布拉格光栅、透射光栅。光纤布拉格光栅实际是反射光栅、短周期光栅;透射光栅实际是长周期光栅。光栅光纤根据结构不同可划分成为周期性结构与非周期性结构;根据功能划分分为滤波型光栅、色散补偿型光栅。我们了解到色散补偿型光栅是非周期光栅,一般称色散补偿型光栅为啁啾光栅。

7.4.1 光纤光栅型光纤温度传感原理

7.4.1.1 光纤光栅的光敏性

当激光通过掺杂光纤时,光纤的折射率会随着光强的空间分布而发生改变,而且这种变化与光强呈线性关系,并可以永久保存下来,这就是光敏性。光纤光栅就是基于光敏性制成的。其实,光纤折射率改变的现象相当于在纤芯内形成了一个窄带滤波器或反射器,利用这一特性就可以制造出光纤光栅。研究表明,光纤光敏性的峰值位于 240 nm 的紫外(UV)区。在紫外光照射下,光纤折射率会发生永久性变化,而且光纤材料的光敏性与掺杂浓度成正比,也与所使用的紫外光源和照射在光纤材料的能量密度有关。

虽然光纤的光敏效应发现已有 20 多年,但对它的一些物理起因和微观机理还不是很清楚。一般认为紫外光照射下,光纤材料密度发生改变,从而导致折射率发生变化。掺杂质的光纤具有紫外(UV)光敏性,即紫外光照射下的光纤品格发生缺陷,从而引起折射率的变化。在实际的光纤光栅制作过程中,由于要使折射率变化范围很大,所以经常需要进行敏化处理,也就是要通过增强光纤的光敏性来制出高质量的光纤光栅传感器。提高光敏性的关键是增加光纤 GODC(Germanium Oxygen Deficiency Centre)的浓度。增敏方法主要是通过加大掺杂浓度或掺入多种光敏性杂质等,主要的增敏技术如下:

(1)对预制棒进行氢处理,或者采用高压载氢技术。

(2)通过在光纤中掺加一些光敏性较高的离子来增加光纤的吸收能力。

7.4.1.2 光纤光栅的光学特性

光波被约束在确定的导波介质中传播时,这种传输光波的介质被称作光波导。光纤光栅就是一种参数周期变化的光波导,其纵向折射率发生改变将引起不同光波模式之间的耦合,而且可以在两个不同光纤模式之间发生能量交换,并以此来改变入射光的频谱。在一根单模光纤中,纤芯中的入射基模既可以被耦合成向前传输模式,也可被耦合成向后传输模式,这取决于光栅和不同传播常数确定的相位条件,即

$$\beta_1 - \beta_2 = \frac{2\pi}{\Lambda} \tag{7.19}$$

式中,Λ 是光栅周期;β_1 和 β_2 分别是模式 1 和模式 2 的传播常数。为了将一个向前传输模式耦合成一个后向传输基模,应满足如下条件:

$$\frac{2\pi}{\Lambda} = \beta_1 - \beta_2 = \beta_{01} - (-\beta_{01}) = 2\beta_{01} \tag{7.20}$$

式中,β_{01}是单模光纤的传播常数。在这种情况下得到的光纤周期较小($\Lambda < 1$ μm),通常把这种短周期光栅称为 Bragg 光栅,它就好像一个反射式的光学滤波器,反射峰值波长称为 Bragg 波长,记为 λ_B。

$$\lambda_B = 2n_{eff}\Lambda \tag{7.21}$$

式中,n_{eff}是光纤有效折射率。另一种情况,当 β_1 和 β_2 同号时,Λ 较大,这时公式所表示出的是长周期光纤光栅(LPG),它可以看作带阻滤波器。

图 7.13 给出光栅的示意图,光纤包层一般是由非掺杂的纯 SiO_2 构成,其本征吸收峰位于 160 nm,所以用紫外光进行曝光刻栅时,包层是透明的;当入射光波长满足光栅反射的谐振条件时,入射光的反射率达到最大值。

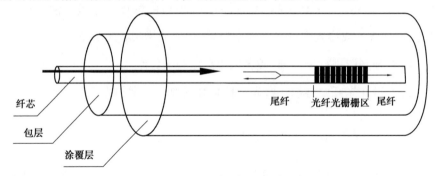

图 7.13　光纤光栅示意图

因此,均匀 FBG 光栅本质上就是以共振波长为中心波长的窄带光学滤波器,这中心波长称作 Bragg 波长,记为 λ_B。一个折射率周期变化的光纤光栅可以反射以 Bragg 波长为中心带宽以内的任何波长。根据实际需要,它既可以做成带宽小于 0.1 nm 的窄带型滤波器,也可以制成带宽为几十纳米的宽带滤波器。此外,光纤光栅还便于与光纤进行耦合,具有体积小、插入损耗低的优点。

7.4.2　光纤光栅型光纤温度传感系统

光纤光栅传感器属于波长调制型传感器,是由被测量与敏感光纤相互作用引起光纤中传输光的波长改变,通过测量光波长的变化量来确定被测参量的传感方法。当光栅周围的温度、外界压力等待测物理量发生变化后,光栅中心波长会发生漂移,通过测定波长漂移,再由相应的理论公式就可以算出当前的温度或应变值。一套完整的光纤光栅温度监测系统应该包括探测部分、传输部分和光纤光栅信号处理部分[151-155]。

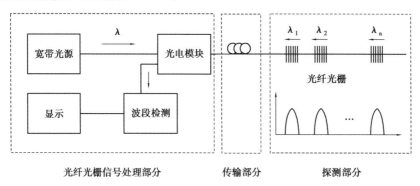

图 7.14　完整的光纤光栅温度监测系统的组成

图 7.14 简单介绍了光纤光栅传感系统的组成,宽带光源发出光经过耦合器到光纤光栅,反射回特定波长的光波,然后由光纤光栅信号处理系统(即解调系统)对光波长进行解调分析,得出需要的温度或应变信息。光纤栅传感监测系统主要是由探测部分和信号处理部分组成,传输部分主要是便于工程应用中可以远程监控。将光纤光栅用于光纤传感除了它对温度、应力、应变等具有较强的敏感性外,另一个主要的优点就是光纤光栅便于构成分布式传感网络,可以在大范围内对多点同时进行测量。目前最常用的波长解调方法是采用可调FP 腔,虽然方法各有不同,但都是解决分布式测量多点解调的核心问题,为实用化研究奠定了基础。本节以实现光纤光栅分布式健康监测为目标,深入研究

249

光纤光栅传感网络技术和分布式解调技术,设计了一套光纤光栅分布式温度监测系统,并通过实验分析研究了光纤光栅分布式测量技术。

7.4.2.1 光纤光栅分布式传感检测技术

1)传感器网络

在目前的实际监测环境中,经常需要将传感器按照某种方式组合成网络,以达到传感器资源的优化配置,这种组合通常被称作传感器网络,是当前的研究热点。传感器网络可以定义为:在传感器测量领域,多个传感器按照一定的方式或结构组合形成网络,也特指具有采集和通信能力的微型传感器组成的网络。传感器网络能够对监控领域的对象进行信号的实时采集和传输。在传感网络中,一些具有智能结构的传感单元在信号采集时就可以对信息进行预处理,大部分的传感单元只完成信息的采集过程,需要传输到计算机或其他后端设备进行处理。将传感器组合成网络,可以使操作人员在任何时间、地点、环境对传感区域进行监控,从而节省了时间、人力,有效地提高了资源配置能力。

一个传感器网络中,一般有两个或两个以上的传感器,它们按照线性、星形、环状等方式组合在一起,最后由同一个光电终端控制。构成传感器网络,实现光源和电子处理系统的共用,可以有效地节省费用,也为光纤传感器在传感领域的更大发展打下了坚实基础。

2)光纤光栅传感网络

光纤光栅传感网络是属于传感器网络的一种,是将 FBG、LPG 等光纤光栅传感器(用线性或环状等结构)组合在一起形成网络。光纤光栅传感器从诞生到现在,已经从单个点的检测向分布式监测网络不断发展,具有形成网络结构的巨大优势:

(1)可以在一根光纤上串接多个不同类型的光纤光栅,通过波分复用方式,构成传感器阵列,就可以实现多参量的准分布式测量和解调。

(2)光纤光栅本身的成本比较低,这样在监测时将多个光纤光栅传感器串接起来或组成网络结构,然后只用一台设备进行解调和处理,而且使用单一光源就能工作,这样可以大量降低成本。

在整个光纤光栅传感网络中,最重要的部分是解调系统的设计,同时要考虑到整个网络结构的综合利用,还要用到光纤光栅传感器复用技术。光纤光栅的复用技术使得多个传感光栅可以共用一个光源和一个解调系统,它不但可以减少花费的成本,还可以通过传感器网络的优化配置,使得最大限度地发挥每个传感器的特性,也可以发挥系统的作用。光纤光栅传感网络中的解调系统需要有很高的精度,而且一般情况下解调仪也是整套系统中最贵的部分,实际监测时需要想办法提高解调系统的精度,这也是光纤光栅监测系统的核心。

3)光纤光栅传感器阵列的指标

当将光纤光栅传感器应用于测量领域时,特别在很多情况下还要组成传感器网络,经常会用到准分布式测量,这时就应该仔细考虑到每个光纤光栅的特点,因为光栅的指标有些是通用的,有些主要是针对于温度或应变测量的,下面将对这些指标进行介绍。

(1)传感器波长

所谓传感器波长,就是指光纤光栅传感器反射峰的中心波长。中心波长会随着温度变化而变化,会随着温度的降低或升高发生波长的左移或右移,理论上的温度响应系数为 1 ℃/10 pm。

(2)传感器带宽

传感器带宽就是光纤光栅反射峰对应的带宽。一般情况下光纤光栅传感器的带宽越小,测量精度就会越高,但从目前的生产技术水平看,大多数厂家生产出的光栅传感器带宽均为 0.2 ~ 0.25 nm。

(3)反射率

反射率是衡量一个光纤光栅传感器性能的重要指标之一,反射率高就代表该光栅传感器具有很高的反射光功率的本领,也就能保证有一定的测量距离。比较高的反射率还可以使得传感器的带宽更窄,这样光栅也就越稳定。如果反射率较低,噪声影响就会比较大,这对于解调系统的设计就提出了更高的精度要求。理论上讲,为了使光栅传感器发挥最好的性能,反射率应该大于90%。但是,目前的制造工艺很难普遍达到这个水平,大多都是在80%以上,而且要提高反射率就必须考虑到边模抑制,需要找寻最佳的平衡点。

(4)边摸抑制

一般情况下,由于制造工艺的差别,一个光纤光栅传感器的反射谱峰周围会有很多旁瓣,而当这些旁瓣的能量不能忽略时,波长解调仪有时就会错把某些旁瓣当作峰值,就引起了很大的测量误差。所以,一个好的光纤光栅传感器,除了要求有高的反射率和窄带宽外,还需要反射谱峰两边比较光滑,没有过多旁瓣的干扰。所以,设计和制造光栅时,就需要抑制边摸,这样可以提高信噪比,比较常用的边模抑制方法是切趾,利用切趾技术可以较好地消除旁瓣,使得光谱平滑。

(5)传感器的长度

光纤光栅传感器的长度会影响测量精度,理论上光栅的长度越小,测量点越精确。但实际制作的光栅则需要综合各种参数,既要保证高的反射率,还要有较高的信噪比。

(6)传感器波长间隔

传感器波长间隔是指两个光纤光栅的中心波长之差。光纤光栅传感器阵列包含了大量传感光栅,因此必须保证能"寻址"每一个光栅,就是指可以根据每个中心波长确定对应的光纤光栅。

(7)缓冲区(buffer)

在传感器阵列中,两个相邻的光纤光栅的中心波长要尽量不太相近,需要使得第一个光栅的最大波长和第二个光栅的最小波长不相交,这个波长距离也就是缓冲区。

7.4.2.2 波分复用技术

光纤光栅传感器对波长进行编码,在传感器网络中,可以通过对特定的波长来确认每一个光栅传感器。当光栅周围外界环境变化,如施加外力、温度改变或气体浓度改变等,会导致光栅中心波长发生漂移,通过检测出波长的漂移,就可以解调出应力、温度或浓度的变化情况,这些外界因素的改变都是可以通过对波长的解调来确定的。在实际的检测或监控环境中,为了能使用一套解调设备对所有光栅进行解调,常把光栅组合形成网络,而且因为光栅与布拉格波长是一一对应的,可以试着为每个光栅传感器分配一个波长小区间,而且在光源允许的波长范围内。这样,就实现了用一个宽光谱光源照射一根光纤上的若干个光栅传感器,随着外界环境的变化影响,每个光栅在各自分配的空间内发生波长漂移,所有光栅的反射谱形成的复合光谱由一套解调设备进行解调,从每一个独特的小空间内分辨出每一个光纤光栅,得到每个光栅的波长漂移值,这样就实现了多个光纤光栅传感器的复用。这也就是波分复用的思想。波分复用应用非常广泛,这里主要是涉及 FBG 波分复用技术,通过这种技术,就可以更好地利用光纤光栅传感网络进行监测,节省了费用,使得网络结构也更加精细。波分复用技术是构成光纤光栅传感器网络最基本的复用技术。

在传感器网络中应用波分复用技术,最主要的是要有宽谱光源,光源的光谱宽度和测量物理量的动态范围决定了可以复用的光纤光栅传感器数量。光谱宽度一方面是由所使用的光源所决定,一般采用 LED 或 LD 照明,另一方面可能传输过程中光纤的损耗也会有影响。因此,波分复用技术也不是万能的,能复用的传感器数目也是有限的,所以要使得传感器网络不断发展,可以研制更宽光谱的光源和减小损耗,同时考虑应用别的复用技术和波分复用技术进行配合使用,这样可以综合各种复用技术的优点,使得光栅传感器网络更加优化。下面介绍下两种常用的波分复用技术。

1)基于波长扫描法的波分复用技术

波长扫描法分为窄带光源扫描和宽带光源窄带滤波扫描,它是光纤光栅传感网络中最重要的一种波分复用技术。

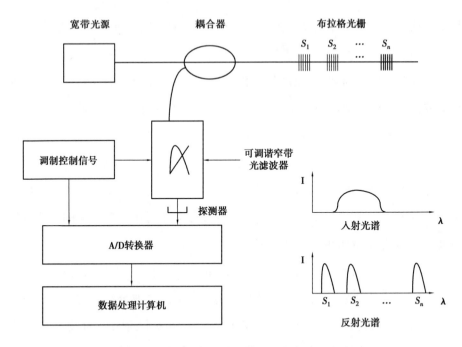

图 7.15　宽带光源窄带滤波法打描技术示意图

图 7.15 为宽带光源窄带滤波法打描技术示意图。其中,窄带滤波器选用可调的 F-P 滤波器。扫描过程中每次都覆盖所有光栅的全部波长范围。

2)基于波长分离法的波分复用技术

目前,波分复用器件已在光通信领域中成功应用,在传感领域中,也可以使用这些波分复用器件以达到波分分离,再通过解调设备进行处理。图 7.16 所示波分复用系统利用 3 个 WDM 器件复用了 4 个光纤光栅传感器。

7.4.2.3　解调系统设计

前面已介绍了光纤光栅分布式解调系统原理,本节的系统主要是运用可调谐 F-P 滤波法解调原理,再结合实际实验情况进行设计的。图 7.17 是本节的解调系统结构图。

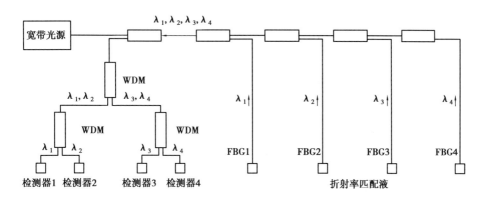

图 7.16　波分复用系统示意图

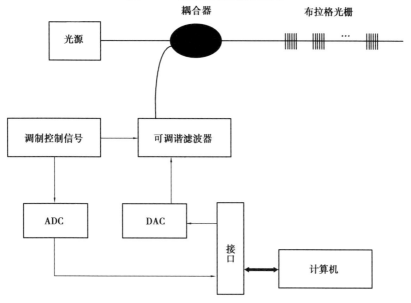

图 7.17　解调系统结构示意图

本节所设计的解调系统主要由四个部分组成:大功率扫描激光光源,发射宽带光谱;可调谐 F-P 滤波器,通过施加不同的电压信号控制可以通过的光谱的范围;光电检测系统,通过检测滤波器滤波后的窄带光谱,并将光信号转换成为电信号;ADC、DAC 与计算机接口,计算机通过 DAC 与 ADC 接口电路,与可调谐滤波器和光电探测器联系。

大功率扫描激光光源发出宽带光谱经耦合器送到布拉格光栅。Bragg 光栅

255

会产生一窄带反射波,窄带反射波经耦合器传送到可调谐 F-P 滤波器。计算机通过 DAC 接口电路发送读取数据命令,经过 D/A 转换后的采样信号转换为驱动扫描信号,然后在每一轮的扫描过程中,当可调谐 F-P 滤波器中允许通过的波长与输入的窄带反射波中心波长匹配时,窄带反射波会通过可调谐 F-P 滤波器到达光电探测器。光电探测器将光信号转换成电信号,通过 ADC 转换成数字信号,再通过接口与计算机相连,计算机进行数据采集与处理,就可以达到波长解调的目的。

7.5 小 结

综上所述,温度是电力设备的重要运行参数,也是设备发生故障前最直接的表征。通过监测电力设备的温度信息获取电力设备的运行状况是电力系统在线监测的研究热点。测温方式分为点式温度监测和分布式温度监测。点式温度监测包括光纤光栅温度监测和荧光光纤温度监测,主要用来监测电力设备中的重点异常部位,包括变压器绕组、开关柜接头、断路器、套管等;分布式温度监测主要是基于拉曼散射原理,主要用于电力电缆、架空线、地下管廊的温度监测。光纤测温具有技术成熟、安装位置灵活等诸多优势,在研究和工程中得到了广泛的应用。

参考文献

[1]WANG M, VANDERMAAR A J, SRIVASTAVA. K. D. Review of Condition Assessment of Power Transformers in Service [J]. IEEE Electrical Insulation Magazine, 2002, 18(6):12-25.

[2]王昌长. 电力设备的在线监测与故障诊断[M]. 北京: 清华大学出版社, 2006.

[3]孙才新. 电气设备油中气体在线监测与故障诊断技术[M]. 北京: 科学出版社, 2003.

[4]SU. Q, LAI. L. L, AUSTIN. P. A Fuzzy Dissolved Gas Analysis Method for the Diagnosis of Multiple Incipient Faults in a Transformer [J]. IEEE Transactions on Power Systems, 2000, 15(2):593-598.

[5]SUN. H. C, HUANG. Y. C, HUANG. C. M. A Review of Dissolved Gas Analysis in Power Transformers [J]. Energy Procedia, 2012, 14:1220-1225.

[6]ABU. B. N. , ABU. S. A. , ISLAM. S. A Review of Dissolved Gas Analysis Measurement and Interpretation Techniques [J]. IEEE Electrical Insulation

Magazine, 2014, 30(3):39-49.

[7] SUN. C. H, OHODNICKI. P. R, STEWART. E. M. Chemical Sensing Strategies for Real-Time Monitoring of Transformer Oil: A Review [J]. IEEE Sensors Journal, 2017, 17(18):5786-5806.

[8] SINGH. S, BANDYOPADHYAY. M. N. Dissolved Gas Analysis Technique for Incipient Fault Diagnosis in Power Transformers: A Bibliographic Survey [J]. IEEE Electrical Insulation Magazine, 2010, 26(6):41-46.

[9] DL/T 722-2014, 变压器油中溶解气体分析和判断导则[S]. 2014.

[10] IEC 60599-2015, Mineral Oil-filled Electrical Equipment in Service-Guidance on the Interpretation of Dissolved and Free Gases Analysis [S]. 2015.

[11] 孟玉婵, 李荫才. 油中溶解气体分析及变压器故障诊断[M]. 北京:中国电力出版社, 2012.

[12] 徐康健, 孟玉婵. 变压器油中溶解气体的色谱分析实用技术[M]. 北京:中国标准出版社, 2011.

[13] 操敦奎. 变压器油色谱分析与故障诊断[M]. 北京:中国电力出版社, 2010.

[14] 肖登明. 电力设备在线监测与故障诊断[M]. 上海:上海交通大学出版社, 2005.

[15] 张晓星, 姚尧, 唐炬, 等. SF6 放电分解气体组分分析的现状和发展[J]. 高电压技术, 2008, 34(4):664-669,747.

[16] CHEN. W. G, WANG. J. X, WAN. F, et al. Review of Optical Fibre Sensors for Electrical Equipment Characteristic State Parameters Detection [J]. High Voltage, 2019, 4(4):271-281.

[17] ZHANG. X. X, ZHANG. Y, TANG. J, et al. Optical Technology for Detecting the Decomposition Products of Sf6 a Review [J]. Optical Engineering, 2018, 57(11).

[18]ZENG. F, WU. S. Y, LEI. Z. C, et al. Sf6 Fault Decomposition Feature Component Extraction and Triangle Fault Diagnosis Method [J]. IEEE Transactions on Dielectrics Electrical Insulation, 2020, 27(2):581-589.

[19]ZHANG. X. X, LIU. H, REN. J. B, et al. Fourier Transform Infrared Spectroscopy Quantitative Analysis of Sf6 Partial Discharge Decomposition Components [J]. Spectrochimica acta, Part A. Molecular and biomolecular spectroscopy, 2015, 136:884-889.

[20]ZHOU. H. Y, MA. G. M, WANG. Y, et al. Optical Sensing in Condition Monitoring of Gas Insulated Apparatus a Review [J]. High Voltage, 2019, 4(4): 259-270.

[21]骆立实,姚文军,王军,等. 用于 GIS 局部放电诊断的 SF₆ 分解气体研究 [J]. 电网技术, 2010, 34(5):225-230.

[22]CHU. F. Y. Sf6 Decomposition in Gas-insulated Equipment [J]. IEEE Transactions on Electrical Insulation, 1986, 21(5):693-725.

[23]TANG. J, ZENG. F. P, PAN. J. Y, et al. Correlation Analysis Between Formation Process of Sf6 Decomposed Components and Partial Discharge Qualities [J]. IEEE Transactions on Dielectrics Electrical Insulation, 2013, 20(3): 864-875.

[24]DONG. M, ZHANG. C. X, REN. M, et al. Electrochemical and Infrared Absorption Spectroscopy Detection of Sf6 Decomposition Products [J]. Sensors, 2017, 17(11):2627.

[25]ZHANG. Y, WANG. Y, LIU. Y, et al. Optical H2s and So2 Sensor Based on Chemical Conversion and Partition Differential Optical Absorption Spectroscopy [J]. Spectrochimica acta, Part A. Molecular and biomolecular spectroscopy, 2019, 210:120-125.

[26]BELMADANI. B, CASANOVAS. J, CASANOVAS. A. M. Sf6 Decomposition

Under Power Arcs. II. Chemical Aspects [J]. IEEE Transactions on Electrical Insulation, 1991, 26(6):1177-1182.

[27]GREGORY. G, PERRINE. R, DAVID. M, et al. Gas Chromatography Mass Spectrometry As a Suitable Tool for the Li-Ion Battery Electrolyte Degradation Mechanisms Study [J]. Analytical Chemistry, 2011, 83(2):478-485.

[28]FERNANDES. Y, BRY. A, D. PERSIS. S. Identification and Quantification of Gases Emitted During Abuse Tests by Overcharge of a Commercial Li-ion Battery [J]. Journal of Power Sources, 2018, 389:106-119.

[29]NITTA. N, WU. F, LEE. J, et al. Li-ion Battery Materials: Present and Future [J]. Materials Today, 2015, 18(5):252-264.

[30]GOODENOUGH. J. B, PARK. K. S. The Li-ion Rechargeable Battery: a Perspective [J]. J Am Chem Soc, 2013, 135(4):1167-1176.

[31]SMEKAL. A. Zur Quantentheorie der Dispersion [J]. Naturwissenschaften, 1923, 11(43):873-875.

[32]RAMAN. C. V, KRISHNAN. K. S. A New Type of Secondary Radiation [J]. Nature, 1928, 121:501-502.

[33]COLTHUP. N. B, DALY. L. H, WIBERLEY. S. E. Introduction to Infrared and Raman Spectroscopy [M]. San Diego: Academic Press, 1990.

[34]SMITH. E, DENT. G. Modern Raman Spectroscopy: A Practical Approach [M]. New York: John Wiley & Sons Inc, 2005.

[35]HAKEN. H, WOLF. H. C. Molecular Physics and Elements of Quantum Chemistry [M]. New York: Springer-Verlag, 1995.

[36] LONG. D. A. The Raman Effect [M]. New York: John Wiley & Sons Inc, 2002.

[37]程光煦. 拉曼布里渊散射[M]. 北京: 科学出版社, 2007.

[38]杨序纲, 吴琪琳. 拉曼光谱的分析与应用[M]. 北京: 国防工业出版

社, 2008.

[39]张树霖. 拉曼光谱学及其在纳米结构中的应用（上册）:拉曼光谱学基础 [M]. 北京:北京大学出版社, 2017.

[40]张树霖. 拉曼光谱学与低维纳米半导体[M]. 北京:科学出版社, 2008.

[41]吴国祯. 拉曼谱学-峰强中的信息[M]. 北京:科学出版社, 2020.

[42]JOCHUM. T, RAHAL. L, SUCKERT. R. J, et al. All-in-One:A Versatile Gas Sensor Based on Fiber Enhanced Raman Spectroscopy for Monitoring Postharvest Fruit Conservation and Ripening [J]. Analyst, 2016, 141（6）: 2023-2029.

[43]YAN. D, POPP. J, FROSCH. T. Analysis of Fiber-Enhanced Raman Gas Sensing Based on Raman Chemical Imaging [J]. Anal Chem, 2017, 89（22）: 12269-12275.

[44]HANF. S, BOGOZI. T, KEINER. R, et al. Fast and Highly Sensitive Fiber-Enhanced Raman Spectroscopic Monitoring of Molecular H_2 and CH_4 for Point-of-Care Diagnosis of Malabsorption Disorders in Exhaled Human Breath [J]. Anal Chem, 2015, 87（2）:982-988.

[45]KNEBL. A, DOMES. R, YAN. D, et al. Fiber-Enhanced Raman Gas Spectroscopy for （18）O-（13）C-Labeling Experiments [J]. Anal Chem, 2019, 91 （12）:7562-7569.

[46] HANF. S, KEINER. R, YAN. D, et al. Fiber-Enhanced Raman Multigas Spectroscopy:A Versatile Tool for Environmental Gas Sensing and Breath Analysis [J]. Anal Chem, 2014, 86（11）:5278-5285.

[47]YAN. D, POPP. J, PLETZ. M. W, et al. Highly Sensitive Broadband Raman Sensing of Antibiotics in Step-Index Hollow-Core Photonic Crystal Fibers [J]. ACS Photonics, 2017, 4（1）:138-145.

[48]WANG. P. Y, CHEN. W. G, WAN. F, et al. A Review of Cavity Enhanced

Raman Spectroscopy As a Gas Sensing Method [J]. Applied Spectroscopy Reviews, 2019, 55(5):393-417.

[49] V. ZEE. R. D, LOONEY. J. Cavity-Enhanced Spectroscopies [M]. New York: Academic Press Inc, 2003.

[50] BLACK. E. D. An Introduction to Pound-Drever-Hall Laser Frequency Stabilization [J]. American Journal of Physics, 2001, 69(1):79-87.

[51] SANDFORT. V, GOLDSCHMIDT. J, WOLLENSTEIN. J, et al. Cavity-Enhanced Raman Spectroscopy for Food Chain Management [J]. Sensors, 2018, 18(3):1-16.

[52] FRISS. A. J, LIMBACH. C. M, YALIN. A. P. Cavity-Enhanced Rotational Raman Scattering in Gases Using a 20 mW Near-Infrared Fiber Laser [J]. Optics Letters, 2016, 41(14):3193-3196.

[53] BRASSEUR. J. K, K. S. Repasky, J. L. Carlsten. Continuous Wave Raman Laser in H_2 [J]. Optics Letters, 2002, 23(5):367-369.

[54] POUND. R. V. Electronic Frequency Stabilization of Microwave Oscillators [J]. Review of Scientific Instruments, 1946, 17(11):490-505.

[55] TAYLOR. D. J, GLUGLA. M, PENZHORN. R. D. Enhanced Raman Sensitivity Using an Actively Stabilized External Resonator [J]. Review of Scientific Instruments, 2001, 72(4):1970-1976.

[56] DREVER. R. W. P, HALL. J. L, KOWALSKI. F. V, et al. Laser Phase and Frequency Stabilization Using an Optical Resonator [J]. Applied Physics B-Photophysics and Laser Chemistry, 1983, 31(2):97-105.

[57] MENG. L. S, REPASKY. K. S, ROOS. P. A, et al. Widely Tunable Continuous-Wave Raman Laser in Diatomic Hydrogen Pumped by an External-Cavity Diode Laser [J]. Optics Letters, 2000, 25(7):472-474.

[58] 刘志强, 刘建丽, 翟泽辉. 激光稳频技术的研究及进展[J]. 量子光学学

报, 2018, 24(2):228-236.

[59] WIEMAN. C. E, H. L. Using Diode Lasers for Atomic Physics [J]. Review of Scientific Instruments, 1991, 62(1):1-20.

[60] OHSHIMA. S, SCHNATZ. H. Optimization of Injection Current and Feedback Phase of an Optically Self-Locked Laser Diode [J]. Journal of Applied Physics, 1992, 71(7):3114-3117.

[61] MORVILLE. J, R. D, K. A. A, et al. Two Schemes for Trace Detection Using Cavity Ringdown Spectroscopy [J]. Applied Physics B, 2004, 78(3-4):465-476.

[62] HABIG. J. C, NADOLNY. J, MEINEN. J, et al. Optical Feedback Cavity Enhanced Absorption Spectroscopy: Effective Adjustment of the Feedback-Phase [J]. Applied Physics B, 2011, 106(2):491-499.

[63] BARAN. S. G, HANCOCK. G, PEVERALL. R, et al. Optical Feedback Cavity Enhanced Absorption Spectroscopy with Diode Lasers [J]. Analyst, 2009, 134(2):243-249.

[64] BERGIN. A. G, HANCOCK. G, RITCHIE. G. A, et al. Linear Cavity Optical-Feedback Cavity-Enhanced Absorption Spectroscopy with a Quantum Cascade Laser [J]. Optics Letters, 2013, 38(14):2475-2477.

[65] LANG. R, KOBAYASHI. K. External Optical Feedback Effects on Semiconductor Injection Laser Properties [J]. IEEE Journal of Quantum Electronics, 1980, 16(3):347-355.

[66] LANG. R. Injection Locking Properties of a Semiconductor Laser [J]. IEEE Journal of Quantum Electronics, 1982, 18(6):976-983.

[67] HUI. R. Q, DOTTAVI. A, MECOZZI. A, et al. Injection Locking in Distributed Feedback Semiconductor Lasers [J]. IEEE Journal of Quantum Electronics, 1991, 27(6):1688-1695.

［68］KOBAYASHI. S, KIMURA. T. Injection Locking in AlGaAs Semiconductor-Laser ［J］. IEEE Journal of Quantum Electronics, 1981, 17(5):681-688.

［69］GOLDBERG. L, TAYLOR. H. F, WELLER. J. F, et al. Microwave Signal Generation with Injection-Locked Laser Diodes ［J］. Electronics Letters, 1983, 19(13):491-493.

［70］KOBAYASHI. S, KIMURA. T. Optical Phase Modulation in an Injection Locked AlGaAs Semiconductor Laser ［J］. Electronics Letters, 1982, 18(5): 210-211.

［71］DAMIEN. W, ANATOLIY. A. K, FRANK. K. T, et al. Application of a Widely Electrically Tunable Diode Laser to Chemical Gas Sensing with Quartz-enhanced Photoacoustic Spectroscopy ［J］. Optics Letters, 2004, 29(16):1837-1839.

［72］SAMPAOLO. A, YU. C. R, WEI. T. T, et al. H_2S Quartz-enhanced Photoacoustic Spectroscopy Sensor Employing a Liquid-nitrogen-cooled Thz Quantum Cascade Laser Operating in Pulsed Mode ［J］. Photoacoustics, 2021, 21:100219.

［73］SPAGNOLO. V, KOSTEREV. A. A, DONG. L, et al. No Trace Gas Sensor Based on Quartz-enhanced Photoacoustic Spectroscopy and External Cavity Quantum Cascade Laser ［J］. Applied Physics B, 2010, 100(1):125-130.

［74］马欲飞. 基于石英增强光声光谱的气体传感技术研究进展［J］. 物理学报, 2021, 70(16):1-12.

［75］SIGRIST. M. W. Trace Gas Monitoring by Laser Photoacoustic Spectroscopy and Related Techniques (plenary) ［J］. Review of Scientific Instruments, 2003, 74(1):486-490.

［76］AKOSTEREV. A, B. Y. A, TITTEL. F. K. Ultrasensitive Gas Detection by Quartz-enhanced Photoacoustic Spectroscopy in the Fundamental Molecular Absorption Bands Region［J］. Applied Physics B, 2005, 80(1):133-138.

［77］毛知新, 文劲宇. 变压器油中溶解气体光声光谱检测技术研究［J］. 电工技术学报, 2015, 30(7):135-143.

［78］林成, 朱永, 韦玮,等. 珐珀解调的石英增强光声光谱气体探测系统［J］. 光谱学与光谱分析, 2013, 32(5):1163-1166.

［79］张英, 张晓星, 李军卫,等. 基于光声光谱法的 SF6 气体分解组分在线监测技术［J］. 高电压技术, 2016, 42(9):2995-3002.

［80］张晓星, 刘恒, 张英,等. 基于光声光谱峰面积的微量乙炔气体定量检测［J］. 高电压技术, 2015, 41(3):857-863.

［81］ZHOU. H. Y, MA. G. M, ZHANG. M, et al. A High Sensitivity Optical Fiber Interferometer Sensor for Acoustic Emission Detection of Partial Discharge in Power Transformer［J］. IEEE Sensors Journal, 2021, 21(1):24-32.

［82］POSADA. R. J, GARCIA. S. J. A, RUBIO. S. J. Fiber Optic Sensor for Acoustic Detection of Partial Discharges in Oil-paper Insulated Electrical Systems［J］. Sensors, 2012, 4:4793.

［83］QIAN. S, CHEN. H, XU. Y, et al. High Sensitivity Detection of Partial Discharge Acoustic Emission within Power Transformer by Sagnac Fiber Optic Sensor［J］. IEEE transactions on dielectrics and electrical insulation: A publication of the IEEE Dielectrics and Electrical Insulation Society, 2018, 25(6): 2313-2320.

［84］曹志远. 板壳振动理论［M］. 北京: 中国铁道出版社, 1989.

［85］郭俊, 吴广宁, 张血琴,等. 局部放电检测技术的现状和发展［J］. 电工技术学报, 2005(2):29-35.

［86］司马文霞, 王洋, 杨鸣,等. 一种耦合法拉第旋光器的全光纤电流传感器［J］. 中国电机工程学报, 2020, 40(8):2670-2679.

［87］马皓钰, 王夏霄, 马福,等. Φ-OTDR 型分布式光纤声波传感器研究进展

[J]. 激光与光电子学进展, 2020, 57(13):66-80.

[88]杨纯, 李垠韬, 宋伟,等. Φ-OTDR 光纤传感电缆防外破监测数据预处理方法[J]. 激光与红外, 2021, 51(4):486-492.

[89]CHEN. Z, ZHANG. L, LIU. H, et al. 3D Printing Technique-Improved Phase-Sensitive OTDR for Breakdown Discharge Detection of Gas-Insulated Switchgear [J]. Sensors (Basel), 2020, 20(4).

[90]YANG. G. Y, FAN. X. Y, LIU. Q. W, et al. Frequency Response Enhancement of Direct-Detection Phase-Sensitive OTDR by Using Frequency Division Multiplexing [J]. Journal of Lightwave Technology, 2018, 36 (4): 1197-1203.

[91]YU. M, LIU. M. H, CHANG. T. Y, et al. Phase-sensitive Optical Time-domain Reflectometric System Based on a Single-source Dual Heterodyne Detection Scheme [J]. Applied optics, 2017, 56(14):4058-4064.

[92]YANG. G. Y, FAN. X. Y, WANG. S, et al. Long-Range Distributed Vibration Sensing Based on Phase Extraction From Phase-Sensitive OTDR [J]. IEEE Photonics Journal, 2016, 8(3):1-12.

[93]宋牟平, 庄守望, 王轶轩. 相位敏感光时域反射计的高频振动检测[J]. 中国激光, 2020, 47(5):449-453.

[94]WATTS. G. B. A Mathematical Treatment of the Dynamic Behaviour of a Power-transformer Winding Under Axial Short-circuit Forces [J]. Proceedings of the Institution of Electrical Engineers, 2010, 110(3):551-560.

[95]SWIHART. D. O, MCCORMICK. L. S. Short Circuit Vibration Analysis of a Shell Form Power Transformer [J]. IEEE Transactions on Power Apparatus Systems, 1980, 99(2):800-810.

[96]汲胜昌, 王俊德, 李彦明. 稳态条件下变压器绕组轴向振动特性研究[J]. 电工电能新技术, 2006(1):35-38,48.

[97]刘薇,尚秋峰,姚国珍.变压器绕组振动特性研究[J].输配电工程与技术,2016,5(3):17-23.

[98]钟翔,赵世松,邓华夏,等.基于脉冲调制的φ-OTDR研究综述[J].红外与激光工程,2020,49(10):193-202.

[99]严爱博,宛立君,吴梦实.一种适用于φ-OTDR系统的光纤振动信号快速模式识别算法[J].声学与电子工程,2021,(2):6-10.

[100]肖渊,马龙涛,黄新波.输电线路导线舞动在线监测技术研究现状[J].机电一体化,2014,(6):6.

[101]王少华,蒋兴良,孙才新.输电线路导线舞动的国内外研究现状[J].高电压技术,2005,31(10):4.

[102]文国治.结构力学[M].重庆:重庆大学出版社,2017.

[103]王振伟,孔勇,丁伟,等.复合光纤对φ-OTDR振动传感远程敏感[J].激光技术,2021,45(4):436-440.

[104]初凤红,魏双娇.光纤振动传感器相位解调算法研究综述[J].上海电力大学学报,2021,37(3):247-252.

[105]秦祖军,高江,江银珊,等.基于φ-OTDR的振动检测研究型综合实验设计[J].实验室研究与探索,2021,40(2):23-27,33.

[106]贺梦婷,庞拂飞,梅烜玮,等.基于IQ解调的相位敏感OTDR的研究[J].光通信技术,2016,40(9):23-26.

[107]周俊,潘政清,叶青,等.基于多频率综合鉴别φ-OTDR系统中干涉衰落假信号的相位解调技术[J].中国激光,2013,40(9):119-124.

[108]刘钦朋.光纤布拉格光栅加速度传感技术[M].北京:国防工业出版社2015.

[109]周文潮.基于VP与GA-BP神经网络的变压器运行温度预测[J].电气化铁道,2019,30(s01):114-118.

[110]吴朝霞,吴飞.光纤光栅传感原理及应用[M].北京:国防工业出版

社, 2011.

[111]余乐文, 张达, 余斌, 等. 一种拉杆式的光纤光栅应变传感器[J]. 光电子. 激光, 2012, 23(9):4.

[112]李忠玉, 张志勇, 张信普, 等. 基片式光纤光栅应变传感器增敏结构研究[J]. 光通信技术, 2018, 42(6):4.

[113]ZHOU. S, HAO. F, ZENG. Z. M. Phase Demodulation Method in Phase-sensitive Otdr Without Coherent Detection [J]. Opt Express, 2017, 25(5): 4831-4844.

[114]TU. G. J, ZHANG. X. P, ZHANG. Y. X, et al. The Development of an Phi-OTDR System for Quantitative Vibration Measurement [J]. IEEE Photonics Technology Letters, 2015, 27(12):1349-1352.

[115]LIU. H. H, PANG. F. F, LV. L. B, et al. True Phase Measurement of Distributed Vibration Sensors Based on Heterodyne $ \varphi $ -OTDR [J]. IEEE Photonics Journal, 2018, 10(1):1-9.

[116]周正仙, 田杰, 段绍辉, 等. 基于分布式光纤振动传感原理的电力电缆故障定位技术研究[J]. 光学仪器, 2013, 35(5):11-14.

[117]汪洋, 李捍平, 林晓波, 等. 基于分布式光纤振动传感的海底电缆绝缘击穿故障检测[J]. 电线电缆, 2018, (1):31-34.

[118]徐涛. 基于分布式光纤振动传感的高压电缆防外破监测预警系统应用[J]. 东北电力技术, 2020, 41(6):30-33.

[119]项恩新, 王科, 聂鼎, 等. 基于振动特征的智能电缆防外破监测技术研究[J]. 电测与仪表, 2020, 57(24):35-45.

[120]葛鸿翔, 单鸿涛, 马强, 等. 基于拉曼散射的分布式光纤直流电缆测温系统[J]. 电子科技, 2017, 30(12):102-105, 113.

[121]马天兵, 訾保威, 郭永存, 等. 基于拟合衰减差自补偿的分布式光纤温度传感器[J]. Acta Physica Sinica, 2020, 69(3):21-29.

［122］吴科，熊刚，邓旭东，等. 城市高压电缆分布式光纤测温技术应用现状
［J］. 电工技术，2020，(1):140-143.

［123］杜永平，曹新义，夏长虹，等. 分布式光纤测温技术在全封闭开关柜中的
应用［J］. 电力设备，2008，9(4):43-45.

［124］张重远，贺鹏，刘云鹏，等. 基于 ROTDR 的变压器绕组温度测量方法研
究［J］. 高压电器，2018，54(11):200-205,212.

［125］DIROLL. B. T，NEDELCU. G，KOVALENKO. M. V，et al. High-Tempera-
ture Photoluminescence of CsPbX3(X ＝ Cl，Br，I) Nanocrystals ［J］. Ad-
vanced Functional Materials，2017，27(21).

［126］YAN. K，YAN. B，LI. B. Q，et al. Investigation of Bearing Inner Ring-cage
Thermal Characteristics Based on Cdte Quantum Dots Fluorescence Thermom-
etry ［J］. Applied Thermal Engineering，2017，114:279-286.

［127］WANG. H. L，YANG. A. J，SUI. C. H. Luminescent High Temperature Sen-
sor Based on the Cdse/zns Quantum Dot Thin Film ［J］. Optoelectronics Let-
ters，2013，9(6):421-424.

［128］YAN. A. D，LI. S，PENG. Z. Q，et al. Multi-point Fiber Optic Sensors for
Real-time Monitoring of the Temperature Distribution on Transformer Cores
［ C ］. Micro-and Nanotechnology Sensors，Systems，and Applications
X，2018.

［129］ZHAO. F，KIM. J. Optical Fiber Temperature Sensor Utilizing Alloyed Zn(x)
cd(1-x) s Quantum Dots ［ J ］. J Nanosci Nanotechnol，2014，14 (8)：
6008-6011.

［130］LI. X. M，WU. Y，ZHANG. S. L，et al. CsPbX3 Quantum Dots for Lighting
and Displays：Room-Temperature Synthesis，Photoluminescence Superiorities，
Underlying Origins and White Light-Emitting Diodes ［J］. Advanced Func-
tional Materials，2016，26(15):2435-2445.

［131］YANG. M. H, WANG. D. N, RAO. Y. J, et al. Efficiency Improvement of an Optical Fiber Fluorescent Temperature Sensor Using a Spherical Fiber Probe Design ［C］. Fourth Asia Pacific Optical Sensors Conference, 2013.

［132］BRAVO. J, GOICOECHEA. J, CORRES. J. M, et al. Encapsulated Quantum Dot Nanofilms Inside Hollow Core Optical Fibers for Temperature Measurement ［J］. IEEE Sensors Journal, 2008, 8(7):1368-1374.

［133］LI. Q. Q, LIU. Y. F, CHEN. P, et al. Excitonic Luminescence Engineering in Tervalent-Europium-Doped Cesium Lead Halide Perovskite Nanocrystals and Their Temperature-Dependent Energy Transfer Emission Properties ［J］. The Journal of Physical Chemistry C, 2018, 122(50):29044-29050.

［134］TSVETKOV. D. S, MAZURIN. M. O, SEREDA. V. V, et al. Formation Thermodynamics, Stability, and Decomposition Pathways of CsPbX3 (X = Cl, Br, I) Photovoltaic Materials ［J］. The Journal of Physical Chemistry C, 2020, 124(7):4252-4260.

［135］许扬, 李健, 张明江, 等. 拉曼分布式光纤温度传感仪的研究进展［J］. 应用科学学报, 2021, 39(05):713-732.

［136］WU. J. , YIN. X. J, WANG. W. Y, et al. All-fiber Reflecting Temperature Probe Based on the Simplified Hollow-core Photonic Crystal Fiber Filled with Aqueous Quantum Dot Solution ［J］. Applied optics, 2016, 55(5):974-978.

［137］RAMASAMY. P, LIM. D. H, KIM. B, et al. All-inorganic Cesium Lead Halide Perovskite Nanocrystals for Photodetector Applications ［J］. Chemical Communications, 2016, 52(10):2067-2070.

［138］YE. S, ZHAO. M. J, SONG. J, et al. Controllable Emission Bands and Morphologies of High-quality Cspbx3 Perovskite Nanocrystals Prepared in Octane ［J］. Nano Research, 2018, 11(9):4654-4663.

［139］ZHOU. D, ZHANG. H. Critical Growth Temperature of Aqueous Cdte Quan-

tum Dots is Non-negligible for Their Application As Nanothermometers [J].
Small, 2013, 9(19):3195-3197.

[140]LARRION. B, HERNAEZ. M, ARREGUI. F. J, et al. Photonic Crystal Fiber
Temperature Sensor Based on Quantum Dot Nanocoatings [J]. Journal of Sensors, 2009, 2009:1-6.

[141]HOFFMANN. E. A, NAKPATHOMKUN. N, PERSSON. A. I, et al. Quantum-dot Thermometry [J]. Applied Physics Letters, 2007, 91(25).

[142]WALKER. G. W, SUNDAR. V. C, RUDZINSKI. C. M, et al. Quantum-dot
Optical Temperature Probes [J]. Applied Physics Letters, 2003, 83(17):
3555-3557.

[143]D. BASTIDA. G. , ARREGUI. F. J. , G. A. J. , et al. Quantum Dots-Based
Optical Fiber Temperature Sensors Fabricated by Layer-by-Layer [J]. IEEE
Sensors Journal, 2006, 6(6):1378-1379.

[144]WANG. W. Y, YIN. X. J, WU. J, et al. Quantum Dots-Based Multiplexed Fiber-Optic Temperature Sensors [J]. IEEE Sensors Journal, 2016, 16(8):
2437-2441.

[145]JORGE. P. A. S, MAYEH. M, BENRASHID. R, et al. Quantum Dots As
Self-referenced Optical Fibre Temperature Probes for Luminescent Chemical
Sensors [J]. Measurement Science and Technology, 2006, 17 (5):
1032-1038.

[146]WANG. W. Y, YIN. X. J, WU. J, et al. Realization of All-in-Fiber Liquid-Core Microstructured Optical Fiber [J]. IEEE Photonics Technology Letters,
2016, 28(6):609-612.

[147]WANG. H. L, YANG. A. J, CHEN. Z. S, et al. Reflective Photoluminescence
Fiber Temperature Probe Based on the Cdse/zns Quantum Dot Thin Film
[J]. Optics and Spectroscopy, 2014, 117(2):235-239.

[148] ISO. Y, ISOBE. T. Review—Synthesis, Luminescent Properties, and Stabilities of Cesium Lead Halide Perovskite Nanocrystals [J]. ECS Journal of Solid State Science and Technology, 2017, 7(1):R3040-R3045.

[149] JORGE. P. A. S, MAYEH. M, BENRASHID. R, et al. Self-referenced Intensity Based Optical Fiber Temperature Probes for Luminescent Chemical Sensors Using Quantum Dots [C]. 17th International Conference on Optical Fibre Sensors, 2005.

[150] LI. S, ZHANG. K, YANG. J. M, et al. Single Quantum Dots as Local Temperature Markers [J]. Nano Letters, 2007, 7(10):3102-3105.

[151] LIU. S. D, CHEN. T. M. Synthesis and Luminescent Properties of Polymer-silica Multilayer-encapsulated Perovskite Quantum Dots for Optoelectronics [J]. Journal of the Chinese Chemical Society, 2019, 67(1):109-115.

[152] HAN. Q. J, WU. W. Z, LIU. W. L, et al. Temperature-dependent Photoluminescence of Cspbx3 Nanocrystal Films [J]. Journal of Luminescence, 2018, 198:350-356.

[153] YIN. X. J, WANG. W. Y, YU. Y. Q, et al. Temperature Sensor Based on Quantum Dots Solution Encapsulated in Photonic Crystal Fiber [J]. IEEE Sensors Journal, 2014:1-1.

[154] WANG. H. L, YANG. A. J. Temperature Sensing Property of Hollow-core Photonic Bandgap Fiber Filled with Cdse/zns Quantum Dots in an Uv Curing Adhesive [J]. Optical Fiber Technology, 2017, 38:104-107.

[155] YU. H. C. Y, LEON-SAVAL. S. G, ARGYROS. A, et al. Temperature Effects on Emission of Quantum Dots Embedded in Polymethylmethacrylate [J]. Applied optics, 2006, 49(15):2749-2752.